ジム・アル＝カリーリ
編
斉藤隆央
訳

エイリアン
科学者たちが語る地球外生命

ALIENS
Science Asks: Is There Anyone Out There?

紀伊國屋書店

エイリアン

科学者たちが語る地球外生命

ALIENS: Science Asks: Is There Anyone Out There?
Edited by Jim Al-Khalili

Japanese translation and electronic rights arranged with Profile Books Limited
c/o Andrew Nurnberg Associates Ltd, London
through Tuttle-Mori Agency, Inc., Tokyo

エイリアン　目次

第II部 どこで地球外生命を探したらいいか

第III部 われわれの知る生命

一部の章における本文中の［＊1］は執筆者による注で、章ごとに番号を振り章末に記す。

〔　〕は訳者による注を示す。

『　』で括った映画名には初出時に公開年を併記する。

はじめに——みんなどこにいるんだ？

ジム・アル＝カリーリ（理論物理学者）

Introduction:
Where is Everybody?
Jim Al-Khalili

エンリコ・フェルミは、イタリア生まれのアメリカのノーベル賞物理学者で、二〇世紀の科学に莫大な貢献をいくつかしたが、一九五〇年に、自身の原子物理学の研究とはまるで関係ない、とても単純な疑問を投げかけた。ところがそれは、地球外生命の問題に関心のある人にとって、きわめて深い意味をもっていた。本書を読んでいるからには、あなたも関心があると思うが。

この疑問は、かつてマンハッタン計画の本拠地だったニューメキシコ州のロスアラモス国立研究所で、フェルミが仲間とランチタイムに雑談をしていて出てきたものらしい。彼らは、空飛ぶ円盤に乗ったエイリアンが地球に訪れている可能性について話していた。気軽な会話で、その場にいた科学者はだれもエイリアンの実在を信じていたように思えない。しかしフェルミは、とても単純な疑問を口にした。「みんなどこにいるんだ?」

フェルミが言いたいことは、こうだった。宇宙の誕生ははるか昔で、サイズもばかでかく、天の川銀河だけで五〇〇〇億近くも恒星があって、その多くには惑星系がある。だから、地球が不思議なことに特別でないかぎり、宇宙は生命でごった返しているはずで、そのなかには、宇宙旅行に必要な知識と技術をもつほど高度な知性を備えた種《しゅ》もいるにちがいない。それならきっと、われわれの歴史上のどこかの時点でエイリアンが訪れていたはずだ。それどころか、フェルミが発言した当時報告されていた空飛ぶ円盤の目撃例も、本当だったかもしれない。フェルミにしてみれば、地球が特異でないとしたら、知的生命がほかのどこかにもいる可能性は圧倒的に高いばかりか、ある程度の勢力拡大の野心と十分に発達した宇宙旅行の技術をもつ異星文明が、これまでに天の川銀河全域に移住しているだけの時間はたんまりあったはずなのである。ならば、彼らはみんなどこにいるのか?

フェルミが出した結論は、「恒星間旅行に要する距離はとても長いから、光速を超えるものはないという相対性理論の制約により、エイリアンはだれも途方もない長旅をして地球を訪れることなど考えないだろう」というものだった。どうやら彼は、「技術の進んだ異星文明の存在は、そうした異星人が故郷の惑星を離れなくても検知できるにちがいない」とは考えなかったらしい。なにしろ、過去一〇〇年ほどにわたり人類は、十分に進歩して十分に近いところで耳をそばだてているエイリアンに、自分たちの存在を知らせつづけてきたのだ（近いというのは、地球から九五〇兆キロメートル以内。一〇〇光年、つまり光が一〇〇年で進む距離に相当するためである）。無線やテレビが発明されて以来、さらに最近では人工衛星や携帯電話の通信も急増して、われわれは電磁波のおしゃべりを宇宙に拡散している。かなり進歩したエイリアンが、十分に近い場所にいて、たまたまわれわれの太陽系に電波望遠鏡を向けていたら、人類の存在を示すかすかなシグナルをとらえることだろう。

物理学の法則が宇宙のどこでも同じと考えるほかなく、なにより手軽で応用の利く情報伝達手段のひとつは電磁波を使うことだとすれば、高度な異星文明は技術進歩のどこかの時点でこの種の通信手段を用いると考えられるはずだ。そしてその手段をもっていたら、そうした波はどうしてもいくらか宇宙へ漏れ出し、光速で放射状に広がるだろう。

だから、二〇世紀の後半には天文学者が、新たに建造した電波望遠鏡で宇宙からのそんなシグナルを聞き取れる可能性について真剣に考えはじめていたのも意外ではない。地球外知的生命探査（ＳＥＴＩ）は、フランク・ドレイクというひとりの男の先駆的な取り組みによって始まった。彼は、みずからの名を冠した単純な方程式を思いついたことで、なによりよく知られているだろう。その式には、知的生命が宇宙のどこかほかの場所にも存在する可能性を見積もるのに必要だと彼が考えた、あらゆる条件の因子が含まれている。

今日ＳＥＴＩは、地球外生命のシグナルを能動的に探すべく、長年のあいだに世界じゅうで進められてきた多数のプロジェクトの総称となっている。フランク・ドレイクによるプロジェクトが最初に実施されてから、ＳＥＴＩの活動は本格化し、探索の範囲を太陽系のはるか外にまで広げた。カリフォルニアのＳＥＴＩ研究所は一九八四年に設立され、数年後に天文学者ジル・ターターの指揮のもとでフェニックス計画を始動した。一九九五年から二〇〇四年にかけて、フェニックス計画では、オーストラリアとアメリカとプエルトリコの電波望遠鏡を使って、地球から二〇〇光年以内にある太陽に似た恒星を数百個観測した。結果として何も受信できていない。それでもこの計画は、異星に存在しうる生命の研究に、貴重な情報を与えてくれた。現在、系外惑星（われわれの太陽以外の恒星を周回する惑星）の探索は、科学研究でとりわけホットな領域のひとつとなっており、使える電波望遠鏡の大きさや性能が増すにつれ、天文学者は生命が棲める可能性のある星系を頻繁に見つけている。それどころか、ほとんどひと月も間を置かずに続々と、生命が棲める可能性のある地球型惑星発見の知らせが飛び込んでいるようだ。
二〇一五年にSETI研究所が、宇宙の知的生命探査に一億ドルをつぎ込むと発表すると、それは世界じゅうの人々の心をとらえた。物理学者のスティーヴン・ホーキングは、多くの人を代弁してこうコメントしている。「今こそ、答えを見つけるのに注力し、地球以外に生命を探すときだ。暗闇のなかでわれわれは孤独なのかどうか、知る必要がある」

一方、SETI以外の学術研究は近年、知的生命が送信する電波ではなく、それを住まわせていそうな惑星や衛星そのものを探すことに主眼を置いてきた。われわれの間近では、火星を越えて木星や土星の衛星に探査の足を伸ばした。それから、系外惑星もある。現在、衆目を集めているのは、二〇一八年に打ち上げられる予定のジェームズ・ウェッブ宇宙望遠鏡だ〔打ち上げの予定は二〇二一年に延期されている〕。これは次世代の宇宙望遠鏡として、異星の生命が存在する証拠を真に検出できる、初めてのツールとなるだろう。

もちろん、どこかの惑星が生命に適していることも大事だが、本当に大きな謎は、しかるべき条件が整ったら、地球以外で生命が進化できる可能性はどのぐらいあるかというものだ。これに答えるには、地球上でどのように生命が生まれたのかを知る必要がある。われわれが広大な宇宙で本当に孤独な存在なら、なぜわれわれがそんなに特別なのかを知る必要がある。宇宙は、生命が存在するようにとてもうまく調整されているようなのに、なぜぽつんと一か所にしか生命を棲まわせていないのか？

これを考えるための一手は、あなたがなぜ存在するのかを自問することだ。あなたの両親が出会ってあなたを生む可能性は、どれほどあっただろうか？　さらに、両親の両親が出会う可能性は、などとずっとさかのぼっていくとどうだろう？　われわれはだれもが、生命の起源そのものにまで元をたどれる、長くておそろしく希有な出来事の連鎖の末に生まれたのだ。その鎖の環《わ》のどれかを断つと、あなたはそもそも今存在して疑問を投げかけることもできなくなる。もしかしたら、われわれの存在は、自分の幸運について考える宝くじの当選者のように、実はびっくりするようなことではないのかもしれない。その数字の連なりでなかったなら、ほかのだれかが当選してやはり自分が当たったことの希有な可能性について考え込んでいたのではないか。

地球上の生命から天の川銀河のどこかに存在しうるエイリアンについて言えることがらは、統計上のサンプルがひとつしかないという事実の制約を受けている。われわれ自身の例は、ほかの星の生命の可能性や、生命が存在する場合にそれがどんなものかということについて、何も教えてはくれない。宇宙に高度な異星文明が存在するのだろうか？　それとも、単純な単細胞の微生物の形でしか存在しないのか？　この疑問に手をつけられなければ、どこを探すべきかさえ、どうやって知ることができるだろう？

なにより重大な問題は、むろん、実際に見つかったらわれわれにとってどんな意味があるのかだ。空飛ぶ円盤目撃が騒がれた時代からずいぶん経って、いまや科学者は地球外生命の探査そのものをとても真面目にとらえている。本書で私は、科学者や思想家の輝かしいチーム――全員でこのテーマのあらゆる側面をカバーするような、各分野における世界の第一人者たち――を選び抜いた。

そこで、読者の皆さんが本格的に読みはじめる前に、私の「チーム・エイリアン」を紹介させていただこう。彼らのだれもが、このテーマにユニークな視点を提供してくれることがわかるはずだ。

われわれを宇宙の旅へ優しく誘い出してくれるのは、王室天文官で宇宙論者のマーティン・リースだ。彼は第1章で、宇宙におけるわれわれの位置づけについて考え、このテーマにかんする人類の思想史を手短に語り、遠い未来に投影して、いつの日かわれわれ自身が「エイリアン」となり、宇宙を探査して天の川銀河の各所に入植するかどうかを検討している。

第2章では、宇宙生物学者のルイス・ダートネルが、エンリコ・フェルミが思っていたとしても不思議ではない疑問を投げかける。宇宙を旅する高度なエイリアンがいるとしたら、われわれのもとを訪れる動機は何だろうか？　ダートネルは、エイリアンの来訪が、今の人類の終焉となるか、それとも互いに興味をもつ平和な文明同士の出会いとなるかという問題を探る。

第3章では、科学番組の司会者ダラス・キャンベルが、われわれのエイリアンへの執着と、一九四七年の有名なケネス・アーノルド事件（空飛ぶ円盤遭遇）以来のエイリアン目撃例について、興味深い歴史のあらましを語っている。エイリアンの可能性について真の内情を知りたければ、真面目な科学の話に入る前に、陰謀論やばかげた迷信を捨て去る必要がある。ダラスがありありと語るロズウェル事件やエリア51、「メン・イン・ブラック（黒服の男たち）」、エイリアンによる誘拐の話を読めば、それがしやすくなる。

第4章では、認知神経科学と人工知能の専門家、アニル・セスが、人工知能とわれわれの知能の違いを、地球上で見られる最高に異質な知能——タコ——を調べることで探っている。彼が言うとおり、異質な知能に遭遇するのに遠くの惑星まで行く必要はない。タコの頭の働きを調べれば、地球上でそんな「異世界のもの」を見つけられるのだ。

クリス・フレンチは心理学者で、超常現象の信仰や体験、とくに陰謀論や虚偽記憶の信仰を専門とする教授だ。第5章で彼は、世界にはエイリアンが存在するかどうかを考えるのは時間の無駄だと思う人がごまんといると訴える。彼らは、エイリアンが存在するだけでなく、もうわれわれとコンタクト（接触）していることを示す、説得力のある証拠がすでにあるからと言うのだ。しかしフレンチによれば、そうした「接近遭遇」を説明できそうな十分に確かな心理学的現象があるらしい。

第6、7、8章では、本格的な探究に入る。アメリカ航空宇宙局（NASA）の宇宙生物学者クリス・マッケイは、第6章の冒頭で、地球以外の生命の素材は何だろうかという疑問を提示する。

ある意味で、答えは明白と思うかもしれない。きっとどんな生命にもエネルギーは必要だろう——それは当然だ。だが、水はどうか？　また、炭素や酸素などのさまざまな元素と、それらが形成すべき分子という構成単位は？　そうしたものがどれだけ重要だろうか？　また、生命の制約を考えるうえで、われわれは豊かな発想力をもっているだろうか？

　マッケイから宇宙科学者のモニカ・グレイディと惑星地質学者のルイーザ・プレストンに引き継がれると、今度は太陽系に入る。最初に立ち寄る先は、もちろん、一番近所にある火星だ。第7章で、グレイディはいみじくもこう書きだす。「エイリアンを語るどんな本にも、火星にかんする章がなければならない」そして、火星が地球とどう違うのかについて、また数十億年前——今では不毛の地のように見えるが——生命に満ちていた時期があった可能性について、検討する。第8章では、ルイーザ・プレストンが太陽系の外惑星——とくに巨大なガス惑星の木星と土星——へ案内し、大型の衛星——エウロパ、エンケラドゥス、タイタン——が、地球よりはるかに苛酷な環境でありながら、実はなんらかの形態のたくましい微生物の棲みかとなりうるのかどうかを問う。

　エイリアンの見かけとして実際にどんなものがありうるかを探ったうえで、数学者のイアン・スチュアートは、とても創意に富むエイリアンの姿を紹介する。私は昔からイアンとは知り合いで、彼が大のＳＦ好きなのも知っていたから（なんと八〇〇〇冊を超えるＳＦ書籍を集めている）、彼に声をかけて、第9章でSF書籍でのエイリアンを検討してもらった。H・G・ウェルズやA・E・ヴァン・ヴォークトから、アーサー・C・クラークやラリイ・ニーヴン、スティーヴン・バクスター、そして私が個人的に大好きなロバート・A・ハインラインに至るまで、もしあなたがどの小説のエイリアンも飛び出た目と光線銃をもつ緑の小人だと思っていたら、こうした作家たちが思い描いたものをご覧あれ。イアンはまた、存在しそうなエイリアンの考案に用いられた科学原理と、SF作家が従来想定してきた範囲に疑いの目を向けている。

このあたりでもう十分に本格的な話になり、本書で最大級の難問に突入する。ご存じのとおり、宇宙のどこかほかの場所に生命がいる可能性を見積もるには、生命がどれだけ特別な存在で、なぜ、どのようにして地球に現れたのかを知る必要がある。第10、11、12章では、生命そのものの科学を探究する。まず、化学者のアンドレア・セラが基礎に立ち戻らせてくれる。結局のところ、生命現象はすべて化学反応なので、システムを――無生物から、高度に組織化された状態を維持できるものへと――複雑にさせられる化学反応があるのだろうか？　セラのあとを引き継ぐ生化学者ニック・レーンは、第11章で地球の生命の起源を検討する。四〇億年近く前にどこかの温かい水たまりがほどよい条件になって、さまざまな化学的素材が混ぜ合わさっただけのことだと思ったなら、あなたは相当時代遅れだ。科学はまだ生命の起源の謎を解いていないが、それでも近年大きな進歩を遂げている。レーンは、まず何かが「生きている」とはどういうことかを定義してから、化学反応が生命現象になった可能性のあるいくつかの道筋を探っていく。

第12章では、私の長年の同僚にして共同研究者、ジョンジョー・マクファデンが、生命の素材の組み合わせに新たな要素を加えている。地球上で条件が整うとほぼすぐに生命が自然に出現したという、まったく起こりそうもない現象が、そう簡単には説明できないと主張するのだ。そこで彼は、量子力学という、原子より小さな世界にあてはまる奇妙にも直感に反した理論が、事態の進行を速めるのに重要な役割を果たしたのかもしれないと推論している。

理論物理学者のポール・Ｃ・Ｗ・デイヴィスは、生命が宇宙のどこか別の場所にも存在するかどうかという問題を、縦横に論じる。数々おこなっている活動のひとつとして、彼は、ＳＥＴＩの「検出後の科学技術タスクグループ」における議長代理という興味深い役を務めている。その仕事は、「地球外生命が起源と推定されるシグナルの発見による問題にかんし、いつでも助言や意見の求めに応じられること」だ。つまり、もしもエイリアンが見つかったときには、デイヴィスこそがそのニュースを世界に告げる人物となるのだと思われる。第13章で彼は、異星の生命の可能性をさらに広い宇宙論的視点で検討し、あまたの著名な科学者が地球以外にも生命が存在するにちがいないと確信しているわけを考察している。

本書の一番の取り柄はバランスが取れていることであり、第14章では動物学者のマシュー・コッブが、それまでの数章の楽観論に対して冷静な反論を提示する。地球上の生命の出現、とくに複雑な多細胞の（そして知的な）生命の出現は、途方もなく希有な出来事なので、私が冒頭で示したフェルミの疑問に対する答えは、「どうしてほかにだれかがいるなんて思うのか？」だと言うのである。

第15章では、遺伝学者でテレビの司会者でもあるアダム・ラザフォードが、映画でのエイリアンの描かれ方を探る。彼は、すばらしく信憑性のあるものから、まったくひどいものまで、一世紀に及ぶ映画を通して、面白おかしい脇道へ連れ出してくれる。そうした映画にほぼ共通するのは、人間と驚くほどよく似た見かけのエイリアンが出てくることだ。これはほぼ確実に間違っている。

こうしてついに、広大な宇宙を探る準備が整う。続く四章に共通して言えるのは、著者が世界でも一流の科学者で、地球外生命の探索を生業《なりわい》としているということである。宇宙生物学者のナタリー・キャブロールは、現在カール・セーガン宇宙生命研究センターの所長で、これまでほぼ二〇年にわたりＳＥＴＩの主導的な研究者でありつづけている。第16章で彼女は、（過去・現在・未来の）地球外生命の探索にインサイダーの視点を持ち込んでいる。それから第17章では、マサチューセッツ工科大学（ＭＩＴ）の天文学者サラ・シーガーが、新たに稼働するジェームズ・ウェッブ宇宙望遠鏡で何ができるようになるかをおおまかに語り、有名なドレイクの方程式をアップデートし、ごく最近明らかになったことをいくつか用いて異星の生命の存在確率を見積もる手だてを示してくれている。

宇宙物理学者のジョヴァンナ・ティネッティによる第18章は、分光法という技術をどのように利用できるようになっているかを明らかにしている。いまや分光法では、遠くの地球型系外惑星をただ見つける以上のことができるのだ。二〇一六年の初めに彼女は、系外惑星の大気に含まれるガスを初めて直接突き止めて測定したことを報告した論文の執筆者に名を連ねた。その惑星は、サイズが地球の二倍で、かに座にある四一光年離れたコペルニクスという黄色矮《わい》星《せい》のまわりを回っている。遠く離れた惑星の大気の構成を明らかにすることは、そこにいる生命の明白なしるしを見つけるすばらしい手だてとなる。たとえば、酸素や水蒸気や複雑な有機化合物を見つけたら、少なくとも私はとてもわくわくするだろう。

最後にまた大事なことを言うが、第19章は、現在ＳＥＴＩで主導的立場にある天文学者セス・ショスタクが寄稿してくれた。彼は、地球外生命の探索において、どれほど創意工夫と機転が必要かを強調している。

こうした各章と、その元となる先駆的な科学者や著作家による仕事は、二一世紀に入って二〇年近く経った現在、われわれが、存在にまつわる根本的な疑問――「生命とは何か?」「われわれは唯一の存在なのか?」「宇宙のなかでわれわれの占める地位は?」――の答えを求めて冒険に出たばかりであることを示している。

エイリアンの探索は、軽薄だとか、ときには——陰謀論や緑の小人が付きまとい——ばかげているとさえ見なされるテーマだ。しかし実は、地球外生命について考えることで、われわれはみずからの存在にかかわるきわめて深遠な疑問をいくつか投げかけ、答えを見つけはじめることまでできるようになっている。近年変わったのは、こうした深遠な疑問がもはや神学者や哲学者だけの領分ではなくなり、真面目な科学者も関わるようになったということである。そればかりか、われわれ科学者は積極的にこの問題に取り組みつつある。このアンソロジーは、あなた自身が結論を下すのに役立つはずだ。きっと楽しんでもらえるにちがいない。

最新のニュース

おっと、探索の旅を始める前に、最近のわくわくする発見に触れておかないといけない。ある意味でこれは、天文学の研究が、現在どれほど刺激的で進歩の速い分野であるかを強く示していると思う。

太陽系から四・二五光年の距離にあるケンタウルス座プロキシマは、太陽以外でわれわれから最も近い恒星だ。小さくて活動の穏やかな赤色矮星で、表面温度が摂氏三〇〇〇度以下なので、われわれの太陽よりかなり温度が低い。二〇一六年八月二四日、ヨーロッパ南天天文台が、そのすぐそばを回るプロキシマbという地球型惑星の発見を公表した。軌道半径は太陽を回る地球のわずか五パーセントで、その一年の長さは地球の一一日にすぎない。わくわくするのは、地球の一・三倍以上の質量をもつと推定されるこの岩石惑星の温度が、表面に液体の水が存在できる範囲内と見積もられていることである。つまり、恒星のハビタブルゾーン（生命居住可能領域）のなかにあるのだ。

さらに、たった四光年あまりなら、いつかプロキシマbへ行って自分たちで確かめることもできるかもしれない。実のところ、これを書いている時点で、プロキシマ恒星系への無人ミッションの計画――スターショット計画といい、超小型宇宙機の一群をレーザービームで推進させるもの――が持ち上がっている。宇宙機は光速の五分の一の速度で飛んで、二〇年以内にプロキシマbに到達でき、そこに生命が存在するかどうかの情報をビームで地球へ送ってよこす。何が見つかるのかは、だれにもわからない。

二〇一六年八月二六日

ジム・アル＝カリーリ

Chapter 01

われわれとエイリアン——ポストヒューマンはこの銀河全体に広まるのか？

マーティン・リース（宇宙論者）

Aliens and Us: Could Post-humans Spread through the Galaxy?

Martin Rees

地球外生命とその知性は、これまでずっと主流から外《はず》れた臆測の科学において魅力的なトピックだった。ところがここ一〇年から二〇年のうちに、いくつかの分野で大きな進歩があり、こうしたテーマが広く関心を集めている。ほとんど「主流」——科学の活気あふれるフロンティア——となったのである。

太陽以外の恒星を周回する「系外惑星」と呼ばれる惑星の研究は、二〇年ほど前に始まったばかりだ。いまや、われわれの銀河系にそれが何十億もあると自信をもって断言できる。生命の起源を知ることについても、進歩があった。複雑な化合物から「生きている」と言える最初のものへの移行は、何十年も前から明らかに科学全体を通じてきわめて重要な問題のひとつとなっていた。だが最近まで、人々は時期尚早だとか手に負えないと思ってこれを避けていた。それが今では、あまたの優れた科学者がこの難題に真剣に取り組んでいる。

計算能力やロボット工学の進歩は、「人工知能（AI）」が数十年以内に人間の能力に達する（そしてそれを追い越す）という可能性への関心を高めることとなった。これが意識とは何かという議論を触発し、さらに、どんな形態の無機物の知性体が人の手で生み出せるか――あるいはすでに宇宙に存在しているか――や、それとどのように人間がかかわりをもてるかについて、倫理学者や哲学者に深く考えさせた。

歴史を少々

「生命のいる世界が複数ある」という考えは、かなり昔にまでさかのぼれる。一七世紀から一九世紀まで、太陽系にあるほかの惑星にも生命がいるのではないかと広く考えられていた。天文学者のウィリアム・ハーシェルは、太陽にも生命がいるかもしれないとさえ考えた。これはよく、科学的な議論でなく神学的な議論になった。一九世紀の著名な思想家たちは、宇宙には生命が満ちているにちがいないと主張した。そうでないと、こんなに広い領域は、創造主の努力を大いに無駄にしているように見えるからだと。ダーウィンとは別に自然選択説を考案したアルフレッド・ラッセル・ウォレスは、『宇宙における人間の地位（*Man's Place in the Universe*）』という圧巻の本のなかで、そうした考えを面白おかしく批判した。ウォレスはとくに、月にも生命がいるにちがいないとまで推測した物理学者のデイヴィッド・ブリュースター（光学の「ブリュースター角」で知られる）を酷評した。ブリュースターは、もし月が「われわれの地球にとってランプにすぎない存在だったとしたら、その表面が高い山や死んだ火山で変化に富んでいる必要はない。……石灰の滑らかなかたまりだったほうが、ランプとしては良かっただろう」と言っていた。

一九世紀が終わるころには、太陽系でほかの惑星にも生命が存在すると多くの天文学者が確信していたあまり、そうした生命と初めてコンタクトした人間に出すとして一〇万フランの賞金がかけられた。しかも、とくに火星人とのコンタクトは賞金の対象から除外されていた――あまりにも簡単すぎると思われていたのだ！

宇宙探査の時代は、興ざめなニュースをもたらした。金星は、雲に覆われた惑星で、緑豊かな熱帯のような沼地の世界と思われていたが、とんでもない地獄であることがわかった。水星は、あばただらけの灼熱の岩石だった。さらにＮＡＳＡの探査車キュリオシティ（とその先行機種たち）は、火星が、太陽系で最も地球に似た天体でありながら、実は非常に大気の薄い極寒の砂漠であることを明らかにした。木星の衛星エウロパや土星の衛星エンケラドゥスの氷の下を泳ぐ生物がいるかもしれないが、楽観視できる人はいない。地球以外では決して、太陽系のどこにも高度な生命は期待できないのだ。

ところが、太陽系を越えて、現在どんな探査機も到達できない遠くに目を向けると――見通しは明るくなる。今では、ほとんどの恒星のまわりを惑星が回っていることがわかっている。これは、イタリアの哲学者ジョルダーノ・ブルーノが一六世紀に考えていたことだ。一九四〇年代以降、天文学者はブルーノが正しいのではないかと感じるようになった。一九四〇年代より前の考えでは、われわれの太陽系が、そばを通り過ぎた恒星による潮汐《ちょうせき》効果で太陽からちぎり取られた糸状のものから形成されたとしていたが（これは、惑星系の存在が珍しいことを意味していた）、それが疑われるようになったのだ。しかし、系外惑星の証拠が実際に現れだしたのは、一九九〇年代の後半だった。そうした惑星系はおそろしく多様ではある。だが、地球ぐらいのサイズで、主星となる恒星からの距離も、水が蒸発してなくなったり恒久的に凍っていたりせずに存在できる程度という点で、「地球型」と言える惑星は、天の川銀河にきっと一〇億ほどあるにちがいない。

そんな惑星は「ハビタブル（生命が居住可能）」と言えるだろう。もちろん、だからといって生命がいるとはかぎらない。それどころか、あまりにも希有なので天の川銀河全体で一度しか起こらなかったような偶然によって生命が誕生したという可能性も、まだ排除できない。一方で、しかるべき条件が現れたら必然的に生命が生まれるという可能性もある。とにかくわかっていないのだ。地球上の生命のDNAとRNAという化学的組成が、唯一の可能性なのか、それともどこかで実現可能な多くの選択肢に含まれるひとつの化学的な基礎にすぎないのかもわからない。

しかし、この大きな問題はほどなく解決するかもしれない。生命の起源は今、ますます強い関心を集めつつある。もはや、明らかに重要だが「超高難度の箱」に放り込まれる、（意識のような）問題のひとつとは見なされていないのだ。

ほぼ五〇〇年前にジョルダーノ・ブルーノは、よく知られているとおり、さらに踏み込んで、そうした惑星のいくつかには「われわれ人類の住む地球にいるものに劣らず立派な」生物が存在するかもしれないと考えた。いつか彼が正しかったと証明されるのだろうか？　単純な生命が存在すれば、われわれ人類のように高度で意識をもつものへ進化する可能性は高いのだろうか？　なんらかの形態の微生物がすぐに現れたとしても、知的生命があとに続いたとはかぎらないだろうし、莫大な数の——主に未知の——要因に左右されるのではないか。地球上の進化の道筋は、氷河時代や、地殻変動の歴史、小惑星の衝突などの影響を受けてきた。本や論文で、「ボトルネック（隘路《あいろ》）」——進化の過程で通り抜けにくい重要な段階——の可能性に思いをめぐらせた人もいくらかいる。多細胞生物への移行がそのひとつなのかもしれない（地球上で単純な生命はかなり早く現れたようなのに、最も基本的な多細胞生物の登場にも三〇億年近くかかったという事実は、複雑な生命の出現に大きな障壁がある可能性を示唆している）。あるいはまた、「ボトルネック」がその後もあった可能性がある。複雑な生物圏でも、知的生命の出現は保証されていない。恐竜が絶滅して、われわれの祖先の哺乳類が進化する余地が残されていなかったら、何かほかの知的生命がわれわれの代わりに現れていたかどうかは知るべくもないのだ。

　ひょっとすると、さらに物騒な話だが、われわれ自身の進化の現段階——知的生命が高度なテクノロジーを発展させる段階——で、新たな「ボトルネック」が生じるかもしれない。そうなれば、「地球生まれの」生命の長期的な将来予測は、人類がこの進化の危機的段階を生き延びるかどうかに左右される。だからといって、地球が災厄を免れないといけないわけではない——災厄が訪れる前に、一部の人間や高度な人工物が故郷の惑星以外に広がっている必要があるだけである。

　宇宙のどこかにいる生命の可能性を考えるにあたっては、現れる場所やとりうる形態について固定観念をなくす——そして、地球と似ていない場所の、地球のものと似ていない生命にいくらか考えを振り向ける――必要がある。それでも、まず知っているものから始め、利用できるかぎりの手段を使って系外惑星の大気が生物圏の徴候を示しているかどうかを明らかにするというのは、間違いなく理にかなっている。きっと、今後一〇年から二〇年のうちに、ジェームズ・ウェッブ宇宙望遠鏡や二〇二〇年代に稼働する次世代の三〇メートル地上型望遠鏡（ＴＭＴ）で得られる高解像度のスペクトルから、手がかりがつかめるにちがいない。見込みをできるだけ大きくするには、あらかじめ全天をスキャンして近所の地球型惑星を見つけておく必要がある。そうした次世代の望遠鏡でも、惑星大気のスペクトルを圧倒的に明るい主星のスペクトルと分離するのは大変な仕事だろう。

高等生命や知的生命についての推測は、当然ながら、単純な生命の場合よりもはるかにあやふやなものとなる。それでも私は、ＳＥＴＩで明らかになりうる存在について、ふたつのことがわかるのではないかと主張したい。

1. 「有機的な」つまり生身の生命ではない。
2. 生身の存在だったころに棲んでいた惑星にとどまってはいない。

遠い未来の地球生まれの知的生命

われわれはすでに、太陽系の探査を始めている。今世紀が終わるころには、個々の惑星、衛星、小惑星の地図が描けているにちがいない。次は、宇宙空間で大型建造物が造れる、大規模な製造ロボットが開発されるだろう。これで、小惑星や月で採掘した資源を、地球へ持ち帰るよりも効率よく利用できるようになる。ハッブル宇宙望遠鏡に続く、巨大で薄い鏡を無重力下で組み合わせた装置は、これまでよりさらに宇宙の奥をのぞかせてくれるはずだ。

ところで、人が果たす役割はどうなるだろうか？　ＮＡＳＡの探査車キュリオシティは、現在火星の巨大なクレーターをのろのろと横切っているが、人間の地質学者なら見過ごさないような大発見を見逃している可能性は否定できない。それでも、ロボット技術は急速に進歩し、無人探査装置《プローブ》の性能はどんどん向上している――そしていずれ今世紀中に、人間レベルの知能をもつ「探査ロボット」が登場するだろう。有人宇宙飛行の実用的な根拠は、ロボット工学と小型化技術の進歩とともに弱まっていく。今生きている人のうち何人かがいつか火星を歩くとしても、それは冒険や、星々へ向かう一歩としてだろう。

欧米の政府が主導して進めると、有人宇宙飛行は費用がとても高いままだろう。宇宙飛行士にリスクが高くなる覚悟ができていれば、コストは減らせる。思うに、月より先へあえて向かう人は、そうしたリスクを受け入れる覚悟のできた冒険者となるのではないか。だが、集団移住は決して期待してはいけない。生命にとっては太陽系のどこも、真冬の南極の浮氷群や世界屈指の高い山の頂《いただき》ほども優しくはないのだ。地球上の問題から逃れるために、宇宙を当てにすることはできないのである。

それでも、一世紀か二世紀のうちには、開拓者の小集団が地球とのつながりを断《た》って生きられる居住地を作り上げることもありうる。倫理上の理由で、地球上では遺伝子操作やサイボーグ化の利用は制限したいと思うかもしれない。だが、こうした開拓者があらゆる新技術を利用して、異星の環境で子孫を繁栄させようとする努力は、きっと期待すべきだ（また歓迎すべきでもある）。そして数世紀以内に、彼らは新たな種《しゅ》へと枝分かれするだろう。地球に残る種とはまったく異なる、ポストヒューマンだ。やがて、完全に無機物の知性体へ移行することもあるかもしれない。

地球軌道での宇宙飛行を日常的におこなううえでとりわけ大きな障害となり、もっと遠くへ冒険する人にとってさらに大きな障害となる要因は、化学燃料の本質的な効率の悪さと、その結果、ペイロード（積み荷）の重さをはるかに超える燃料を運ばなければならないことだ。化学燃料に依存するかぎり、惑星間旅行は難題のままだろう（ちなみにこれは、別の惑星で進化を遂げたどんな知的生命に対しても、化学の基本にもとづく一般的な制約となる。惑星の重力が大気を保持できるほど強く、水が凍らず代謝反応があまり遅くならないような温度なら、一個の分子をその惑星から引き上げるのに、一分子より多くの化学燃料のエネルギーが必要になる)。

核エネルギー(あるいは、さらに未来には物質-反物質の対消滅《ついしょうめつ》)は、革命的な燃料となりうる。だがそれをもってしても、近隣の恒星より遠くへ行くには、人間の寿命より長い時間がかかるだろう。恒星間旅行は、ポストヒューマンにしか現実的な可能性をもつまい。生体の衣装を脱ぎ捨ててシリコンベースのものになるのかや、老化や死という自然のプロセスを回避したり永久に遅らせたりする手だてを見出した有機生命体になるのかは、まだわからない。

今は人間に固有のものと考えられている能力の多くを、いずれ機械が身につける――さらに凌ぎさえする――ことを疑う人は、ほとんどいないだろう。問題は、それがいつなのかだ。そのプロセスは、数百年にわたるのか、それともわずか数十年で済んでしまうのか? われわれの最近の進化の段階は、これまでの段階よりはるかに急速に進んでいる。われわれを現時点にまで至らしめたダーウィン進化の数十億年――さらにはそれ以前の長大な宇宙の時間――に比べれば、一瞬の出来事だろう。テクノロジーによる進化の産物にとって、人類の現在の知能は、人類から見た蛾《が》の知能のようなものに見えるのではなかろうか。

したがって、人類は進化の頂点ではない。人類がシリコンベースで不死の可能性をもつ存在へ移行するきっかけを生むのだとしたら、その役割にはなお宇宙で特別な意義があるかもしれない――それは、われわれにとってひとつの慰めとなるはずだ。ポストヒューマンが宇宙へ出ていき、生物としての存在の制約を超越すると、人類が遺《のこ》すものは、彼らポストヒューマンが広く宇宙に及ぼす影響となる。過去の文明の形跡がわれわれの周囲に見つかるのと同じように、われわれもみずからの考古学的痕跡を残し、遠い未来の住人がそれを見つけるのだ。今から何千年もあと、大きく広がって高度になった文化に、われわれの思想や信条の跡が残っているかもしれない。われわれ自身の体に、かつての進化の段階のなごりが見られるように。

さらなる問題は、そうした存在がちゃんと「意識をもっている」のか、あるいは、意識はヒトや（場合によっては）ひとにぎりの動物の生身の脳からしか生じないものなのか、だ。ロボットは、能力はともかく、自己を認識するようになったり、われわれ人間の心の特徴であるような生き生きとした中身をもつようになったりするのだろうか？　この疑問に対する答えは、先述の遠い未来のシナリオにわれわれがどう対応するかということに大きく影響する。機械がゾンビなら、ポストヒューマンの未来は暗澹《あんたん》としたものに思える。しかし機械に意識があれば、きっと彼らが将来覇権を握る見込みは喜ばしいものとなるはずだ。

今日の多くの思想家は、ひょっとしたら人類が宇宙のどこかに独立したコミュニティを確立できるようになる前に、地球上で機械が人類を追い抜くかもしれないという可能性を認めている。生体の脳による抽象的思考は、あらゆる文化や科学が出現するもととなった。だが、その――たかだか数万年の――活動は、無機物のポストヒューマンの時代に登場するさらに高度な知性のつかのまの前身にすぎないだろう。「生身の」脳にできることがらには、化学的な面と代謝の面からの限界がある（すでにわれわれはそれに到達してしまっているかもしれない）。シリコンベースのコンピュータ（さらには量子コンピュータ）にはそんな制約はないので、その未来の発展は、単細胞生物からヒトへの進化に劣らず劇的で重大なものとなるかもしれない。

人類は、ともに進化を遂げたこの惑星に縛りつけられているが、AIにはそんな制約はなく、惑星間・恒星間空間にこそ、能力を最大限に発達させる余地があるかもしれない。

われわれの脳は、ヒトという種が初めて現れてからほとんど変わっておらず、驚くべきことに、アフリカのサバンナで生き延びるという課題だけでなく、量子力学や宇宙に内在する「直感に反した概念」も理解する能力を備わらせた。それでも、現実のいくつか重要な側面はわれわれの理解を超越しているようだ。科学のフロンティアが広がるにつれ、現在の多くの謎に対する答えがきっと明らかになるだろう。しかし、宇宙の要素で、われわれの長期的な運命を決定づけるもののなかには、われわれに理解できないものもあるかもしれない。そうした謎を解明するには、人類とはまったく違うやり方で意識を構成するようなポストヒューマンの知性の登場を待たなければならないのではなかろうか。

SETIについて思うこと――見込みと手法

先ほど語ったシナリオは、たとえ生命が地球でしか生まれていなかったとしても、宇宙で些末な存在のままにはならないという――人類の自尊心を高めてくれる！――結果をもたらすはずだ。人類は、どんどん複雑化する知性が天の川銀河に広まっていくプロセスの、終わりよりむしろ始まりに近い位置になるかもしれないのである。だがもちろん、その場合、「ＥＴ（地球外生命）」は今存在しないことになる。

一方、生命が生まれた惑星がほかにたくさんあるものとし、またそのうちのいくつかでは、ダーウィン進化が同じような道をたどったとしよう。それでも、重要な段階がいくつも一致する可能性はとても低い。惑星に知能とテクノロジーが出現するのが地球の場合よりも大幅に遅れると（惑星が若かったり、「ボトルネック」を通り抜けるのに時間がかかったりするせいで）、その惑星にはＥＴの徴候がまったく見られなくなるだろう。しかし、太陽より古い恒星のまわりを回る惑星の生命は、一〇億年以上も先にスタートを切っていたかもしれない。すると、先ほどのセクションでおおまかに語った未来のシナリオに沿って、すでにかなり進化を遂げている可能性もある。

こうしたシナリオ全般に見られるひとつの特徴は、人類レベルの「有機的な」知性体は機械に代わるまでの短いつなぎにすぎないということだ。人類の技術文明の歴史は（たかだか）千年単位で、あとほんの一、二世紀もすれば、無機物の知性体が人類に取って代わるか人類を超えるかし、何十億年も存続して進化を続けるかもしれない。すると、将来ＥＴを見つけることになれば、それは無機物である可能性が圧倒的に高いのではなかろうか。まだ有機物の形態であるような短期間に、異星の知性体を「とらえる」可能性はほとんどなさそうだ。

エイリアンを探すＳＥＴＩのプログラムは、いちかばちかなので成功の見込みがひどく少ないが、確かに実行する価値がある。「ブレイクスルー・リッスン（Breakthrough Listen）」――ロシアの投資家ユーリ・ミルナーが提唱した、天空をこれまでになく徹底的にスキャンするテクノロジーを開発・利用する一〇年間の大型プロジェクト――は本当にすばらしい。

ミルナーの資金提供で観測時間を確保される電波望遠鏡は、近隣や遠方の星々、天の川銀河の銀河面や銀河中心、あるいは近隣の銀河からの、自然のものではない電波の探索に用いられることとなる。高度な信号処理によって広範な電波やマイクロ波の周波数を調べ、明らかに人工的な信号を探すのだ。しかし、たとえ探索が成功を収めても（それに、可能性が一パーセントを超えると言う人はほとんどいないだろう）、「信号」は解読可能なメッセージではなさそうだと私は思う。むしろ、エイリアンの有機的存在（まだ故郷の惑星にいるかもしれないし、とうに死に絶えているかもしれない）にまで元をたどれる、われわれの理解が遠く及ばない超複雑な機械の吐き出す副産物（あるいはエラー）である可能性のほうが高い。われわれにメッセージが解読できそうなタイプの知性体は、人類の狭い考えにマッチしたテクノロジーを用いる（ひょっとしたらわずかな）一部に限られるのではないだろうか。

宇宙に知的生命が広く存在していたとしても、われわれはそのうち特殊なごく一部を認識できるだけという可能性もある。われわれには思いも寄らないやり方で現実をとらえる「脳」もあるかもしれない。あるいは、黙想して省エネルギーの生き方をし、みずからの存在をいっさい明らかにしない脳も考えられる。まずは、われわれの地球のように、寿命の長い恒星のまわりを回る惑星に目を向けるべきだ。SFで想像される世界のほうが、生命が見つかりそうな場所についてもっと刺激的なイメージを見せてくれるとしても。とくに、ETを習慣的に「異星文明」と呼ぶのは限定しすぎではなかろうか。「文明」は個人の集まった社会を意味する。一方、ETは一個の統合された知性体という可能性もある。信号が送られていても、われわれは解読の仕方を知らなくて人工的なものとは気づいていないのかもしれない。AM（振幅変調）方式しか知らない無線技師は、現代の無線通信の解読には苦労するだろう。

ひょっとすると、天の川銀河にはすでに高度な生命が満ちあふれていて、人類の子孫は銀河のコミュニティに――かなり「若いメンバー」として――「つながる」ことになるかもしれない。あるいは、結局のところわれわれは孤独なのかもしれない。宇宙で生命に合わせて「調整された」ように見える居住環境の恩恵にあずかった者たちとして。これが本当なら、われわれはそれほど謙虚でなくてもよくなる。この小さな惑星――宇宙に浮かぶこの淡い青色の点――は、全宇宙で最も重要な場所となるだろう。この場所で生命が生まれ、意識と複雑さへ向かう流れが続くうちに、ここから飛び立って宇宙へ広がるのだ。

最後に、この探索にふさわしいふたつの金言を挙げておこう。ひとつは「突飛な主張には、突飛な証拠が必要になる」で、もうひとつは「証拠がないのは、ない証拠にはならない」だ。

第I部

接近遭遇

CLOSE ENCOUNTERS

Chapter 02

招かれ（ざ）る訪問者——エイリアンが地球を訪れるとしたらなぜか

ルイス・ダートネル（宇宙生物学者）

(Un)welcome Visitors:
Why Aliens Might Visit Us

Lewis Dartnell

宇宙生物学者として私は、地球上でとりわけ極端な環境のサンプルを相手に、ラボで多くの時間研究し、太陽系内の地球以外の世界で生命がどのように生存している可能性があるか、またどんな存在のあかしを見つけられるかを調べている。地球以外に生物がいるとしても、天の川銀河の大多数の生命は微生物だろう。複雑な生物よりもはるかに広範な条件に耐えられる、丈夫な単細胞生物だ。本書に寄稿している何人かは、知的生命が天の川銀河においてほとんどいないほどまれと思われる理由を語っており、はっきり言って私自身の見方もかなり悲観的である。だが誤解しないでほしい。明日にでもエイリアンの音声や、電波やレーザーのパルスで発せられたテキストメッセージが地球に届いたら、絶対にわくわくする。しかし、これまでのところ、天空の星々のなかにほかの文明の確かなあかしは見つかっていない。

だが、ただ議論のために、宇宙旅行をする異星文明が、天の川銀河にほかにひとつ以上あるとしよう。エイリアンが地球にやってきたら何をするかについて、ハリウッド映画の暗澹たる描写はだれもが知っている。ホワイトハウスを破壊したり、人類を捕獲して牛のように食料としたり、海を吸いつくしたり。そこで、エイリアンがいったいどんな理由で地球を訪れる必要があるのかについて、急ぎ足で思考実験をしてみよう。それは、防御の備えをしたり歓迎パーティーを開いたりするのに必要そうだからではなく、そうした可能性を考えることが、宇宙生物学《アストロバイオロジー》の中心的なテーマの多くを検討する良い手だてになるように思えるからだ。

エイリアンが地球に来るのは、人類を奴隷にしたり生殖の相手にしたりするためという可能性。

エイリアンの種族が別の種族を奴隷にするというのは、多くのSFの世界でよくある表現だ。負かした相手や弱い集団を奴隷にすることは、残念ながら地球上でわれわれの歴史によくあったわけだが、恒星間旅行ができ、そのためすでに非常に高度な機械を使いこなし、エネルギー資源を集めるのに長けた種族に、奴隷が必要となる理由はなかなか思い当たらない。ロボットの製造や、ほかの種々のオートメーションや機械化のほうが、仕事に対してはるかに効率的な解決策となるだろう。人はそれに比べて脆弱《ぜいじゃく》で、修繕しにくく、食料を与える必要もある。また、エイリアンの種族が生殖のために人類を必要とするという考えも、実は突っ込んだ検討に耐えられない。有性生殖という行為では、遺伝子レベルにおいて、ふたつの個体のDNA（デオキシリボ核酸）を組み合わせなければならない。だから最も根本的なレベルで、エイリアンの種族がわれわれとマッチするには、遺伝情報の貯蔵庫としてデオキシリボ核酸という同じポリマー（高分子）を使うだけでなく、遺伝子の構成に同じ四つの「文字」を使い（そして化学的に存在するほかのプリン塩基やピリミジン塩基は使わず）、遺伝子の文字列をタンパク質に翻訳するのに同じ暗号方式を使い、DNA鎖を染色体にまとめるのに同じ組織構造を使うなどする必要もあるだろう。地球外生命がDNAを利用しそうかどうかや、ほかにどんな分子がありうるかについては、今も多くの研究がおこなわれているが、エイリアンが人類に近い遺伝的特質をもつことを期待するのは、かなり無理がある。人類は、地球で最も進化上近いチンパンジーとさえ交雑できない（実のところ、これが異なる種の定義の基礎をなしている——「生殖能力のある子孫を作れないふたつの生物」というものだ）。そのため、進化の系統がまったく異なるエイリアンとマッチするということは、まるっきりありそうにないのである。

エイリアンが地球に来るのは、人類を捕獲して食料にするためという可能性。エイリアンには人類を奴隷にしたり人類と生殖したりする気がないとしたら、彼らは食事のためにちょっと地球に立ち寄るのだろうか？　エイリアンの生化学的機構が人類を食物として消化できるかどうかという問題は、実は生体分子のいくつかきわめて根本的な特徴に帰着する。本書のほかの章では、地球上の全生物の中核をなす分子的基礎について語られている。われわれの細胞は、さまざまな有機分子でできている。タンパク質（アミノ酸のポリマー）、DNAとRNAという核酸（塩基と糖のポリマー）、そして生体膜となるリン脂質だ。そのため、生殖や身体の成長・修復のために細胞を多く作るには、こうした単純な構成要素の供給元が必要になる。われわれは、ほかの動物や植物を食べると、消化器系によってアミノ酸と糖と脂肪酸に分解し、それらを自分自身の構成要素に利用するのだ。したがって、人間を食べて役立つ栄養を得るためには、異星の怪物は人類とよく似た生化学的機構にもとづいていなければならず、それゆえわれわれを構成する分子を処理するのに必要な酵素をもっていないといけない。あらゆる種類のアミノ酸や糖や脂溶性分子は、実は宇宙空間で宇宙化学的プロセスによって作られ、ある種の隕石に見つかるので、ひょっとすると地球外生命もわれわれと同じ基本的構成要素でできているかもしれない。しかし、ここでもうひとつ、とても興味深い微妙な特徴がある。アミノ酸や糖のように単純な有機分子には、互いに鏡像となるような二種類の形態が存在しうる（あなたの両手はよく似た形だが、手の上にもう片方の手をのせてもぴったり一致しないのと同じように）。このふたつのタイプは鏡像異性体といって互いに異なる性質を示し、地球上のすべての生命は左手型のアミノ酸と右手型の糖しか使っていないが、生物のものでない化学反応では両タイプの混合物を半分ずつ作ることがわかっている。すると、もしも火星でアミノ酸の痕跡が見つかったら、そうした有機分子が太古の火星の生命の遺物なのか、宇宙化学的プロセスの産物にすぎないのかを知るのにとても良い方法は、ほとんど左手型であるか、ほとんど右手型であるか、それとも半々の混合物であるかを確かめることとなる。最高にわくわくする発見となるのは、火星で太古の細菌の痕跡が見つかり、それがわれわれとは正反対のタイプの有機分子を利用していると明らかになった場合だろう。そうならば、その生命が絶対に地球外のものであり、単に地球から運ばれて混入したものではないと確実にわかるからだ。すると面白いことが考えられる。異星の侵略者はわれわれとまったく同じ有機分子（アミノ酸や糖など）からなるかもしれないが、彼らの惑星では最初の生命が反対の鏡像異性体を選んでいたために、われわれを食べてもなんら栄養は得られないという状況だ。人類とエイリアンは、分子レベルで互いに鏡像となるわけである。

エイリアンが地球に来るのは、海を吸いつくすためという可能性。 異星の略奪者が人類と本質的にそっくり同じ生化学的機構をもっていなくて、わざわざわれわれをとらえて食料にすることはないのだとしたら、何かほかの重要なものを取りに地球へ来るのかもしれない。地球上のあらゆる生命は、水をベースとしている。H_2Oは、生化学反応に関与するものや溶媒として驚くほど用途が広いので、地球外生命もこの化合物をベースとしているようにも思える。ならばエイリアンは、すばらしく水をたたえた海や川や湖を目当てに、地球へ引き寄せられるのかもしれない——地球上を循環する水を吸い上げるために。この仮定に対する問題は、宇宙空間にははるかに有用な水源が豊富にあるという点にある。それどころか、原始太陽のまわりで渦巻くガスとダストの円盤から形成されたとき、地球はかなり乾燥した惑星で、現在の海を満たす水は、あとで太陽系のもっと冷たい外側の領域から降り注いだ彗星や小惑星によって運ばれてきたと考えられている。実を言うと、木星の衛星のひとつであるエウロパには、地球全体にあるよりも多くの液体の水が、凍った表面の下全体に広がる海に存在する。地球ではなくエウロパこそ、太陽系のウォーターワールドなのだ。したがって、あなたが恒星系のあいだを旅するエイリアンで、水を飲みたくなったとしたら、恒星系外部の氷《こおり》衛星や彗星群で、はるかに大量の水が入手できるだろう。それに、地球の重力に逆らって海の水を吸い上げるより、宇宙空間で作業をするほうが、はるかに現実的でもあると思うはずだ。

エイリアンが地球に来るのは、何か別の原材料のためという可能性。水でなければ、エイリアンが地球を侵略して採掘するような天然資源が、何かほかにあるのではないか。もしかしたら、彼らはわれわれの都市を一掃し、鉱石を取り出して巨大な宇宙船を次々と建造するために、地殻を露天掘りしだすかもしれない。だが実際には、地球は溶融状態から鉄がコアに沈み込んでできたので、地殻には鉄やニッケル、白金、タングステン、金といった有用な金属がかなり少ない。また、水の場合と同様、小惑星も地球と同じ岩石材料が基本的な構成要素なのに、エイリアンがわざわざ地球の重力に逆らって素材を取り出す理由がわからない。それどころか、小惑星のなかには、ほぼ純粋な金属のかたまりと考えられているものもある。かつてそれは原始惑星のコアだったが、太陽系の歴史で初期に大規模な衝突があって粉々になったのだ。いくつかの企業はすでに、こうしたきわめて貴重な資源を利用する小惑星採鉱事業への着手を企てている。しかし、ひょっとしたら、ここで仮定するエイリアンが地球へ採鉱しに来る理由をひとつ考えられるかもしれない。小惑星や地球やほかの地球型惑星が本質的に同じ岩石材料でできているのは確かでも、地球は活動していない岩塊ではない。とても活動的な場所なのだ。とくに、地球の薄い地殻はいくつものかけらに分かれ、熱くドロドロしたマントルの上を絶えず滑って動きまわり、隣同士でこすれ合ったり、正面からぶつかって砕けたり、片方がもう片方の下に沈み込んだり、引き離されたところから新たな地殻が生まれたりしている。これがプレート運動という地殻変動プロセスだ。これまでのところ、天文学者は系外惑星――ほかの恒星のまわりを回っている惑星――を四五〇〇個以上見つけており、いまや天の川銀河に岩石惑星は数十億個あると予想されている。だが、ここで現在の惑星科学と宇宙生物学の最先端にある考えを示そう。地球型惑星は多くても、プレート運動のある地球型惑星はめったにないかもしれない。プレート運動は、地球の気候を数十億年にわたり安定させて、われわれのように複雑な生命を進化させるのに必要なものと考えられており、これはまた、一部の金属を鉱石に濃縮する役割も果たしている。地球型惑星のなかでもわずかなものにしか、プレート運動は見られないように思われる（火星にも金星にも見られない）。だから、もしかすると異星文明が地球へやってくるのは、この珍しいプレート運動となんらかの金属の濃縮のためかもしれず、ならば、そのプレート運動が豊かな生物圏を生み出したという事実は、エイリアンにとっては単に不都合なことにすぎないだろう。

エイリアンが地球に来るのは、新たな住みかを探すためという可能性。天の川銀河には、エイリアンが移住できそうな岩石タイプの土地は相当あるが、本書全体を通してわかるように、地球型惑星でも、単なるハビタブルゾーンを超える場所でないと、複雑な生命を維持することはできない。

地下深くで無機のエネルギーによって生き抜いているたくましい単細胞微生物の群集なら、ほとんどどこでも生き延びられるかもしれないが、複雑な生命は、地表ではるかに狭い環境条件を必要とする。温かい海のほかにも、地球のさまざまな条件が、地質学的な時間にわたり地表の安定した環境を維持するうえで不可欠なものと考えられている。たとえばプレート運動は気候を調整する役目を果たし、大きな月は地球の自転軸のふらつきを抑え、地球全体の磁場は太陽風を脇へそらし、大気が宇宙へ吹き飛ばされないようにしている。こうした理由から、もしかすると地球のような惑星はちょっと珍しくて、エイリアンが移住するのにとくに好ましいターゲットになるかもしれない。確かにそんな世界がそもそも複雑な生命の進化には必要だろうが、知的な種族が星々のあいだを旅行できるほど技術的に進歩したら、惑星の環境を人工的に操作することもできそうだ。じっさい、すでに多くの人は、地球温暖化による最悪の結果を避けるべく、「メガ工学」あるいは「地球工学」のプロジェクトについて真剣に語りはじめており、今のところ少なくともおおまかに、どれだけの未来に火星を「テラフォーミング（地球化）」して、人間が宇宙服を着なくても表面で生きられるハビタブルな環境を作り出せるかを推定している。それどころか、地球がすでに生命に満ちあふれている（大半の生命はしぶとく生きる微生物で、大気や海の化学的組成に影響を及ぼしている）という事実は、独自の変わった生化学的機構をもつエイリアンの種族がどこか移住先を探す際には障害になるだろう。まだそこに生命が生じていない地球型の世界を見つけて、空っぽの惑星にエイリアンの生物圏を入れ込んだほうが簡単かもしれない。

エイリアンが地球に来るのは、地球人が目当てという可能性。 したがって私には、天の川銀河の星々のあいだを旅するのにも莫大な時間とエネルギーが必要そうなことと、原材料は別の場所を探すほうが現実的なことから、エイリアンがわれわれのものを奪うだけのために地球へ来る可能性は排除できるように思える。知的なエイリアンの種族が天の川銀河に実在したとしても、侵略船団として空に現れ、人類を征服してわれわれの世界を奪いはじめようとはしないと確かに言えるのではなかろうか。ひょっとすると、地球外生命を地球に引き寄せそうな要因は、われわれなのかもしれない。エイリアンが本当に地球に来るとしたら、研究者としてなのではないかと思う。地球上の生命の独特な仕組みを知りたがり、人類に会ってその芸術や音楽、文化、言語、哲学、宗教を学びたがる、生物学者や人類学者や言語学者として。

エイリアンが実際にわれわれのもとを訪れるとした場合、映画がすっかり間違えていたにちがいないと思われる点が、最後にひとつある。物理法則（少なくとも現在知られている法則——なんと言っても、一〇〇年も経てばわれわれは、光速を超えるワープ航法を実用化したり、時空の生地を通り抜けるワームホールを広げて安定させたりする手だてを考案しているかもしれないのだ）は、星々のあいだの莫大な隔たりを越える移動に強い制約を課している。恒星間を旅する時間を数万年以内にするには、宇宙船を光速のかなりの割合にまで加速させる必要がある。加速させるべき質量が大きいほど、必要なエネルギーも大きくなるので、宇宙船はできるだけ小さく軽くしたいところだ。

人間のような知的生命の形態は、本質的にかさばるもので、それを集団で、宇宙で生きつづけるための生命維持機構や再生システム〔酸素や水などを循環的に生み出す装置のこと〕とともに送りたければ、なおさらそうだ。しかし、第1章でマーティン・リースが示唆したように、はるかに妥当な代案がある。ETがみずから恒星間空間の大海原を越えて遠くの世界へ旅する苦痛や煩わしさに耐えると予想するのは現実的ではなく、むしろ代理が旅をすると考えるべきかもしれない。生身の脆弱な生体を複雑な生命維持システムのなかに収めるのでなく、硬くて丈夫なシステムそのものとして天の川銀河を渡っていくのだ。人間の脳の仕組み――ニューロン（神経細胞）の配線図など、知能や意識を生み出す相互作用――がもっと完全に理解できれば、当然、ハードウェアのなかでこの仕組みを完璧にシミュレートでき、ＡＩ（人工知能）を作り上げられるばかりか、生身の人間の意識をコンピュータにアップロードすることさえできるだろう。

小型化した電子機器と自己修復システムを備えたカプセルに収められると、事実上不死になるだけでなく、おそろしくコンパクトで軽くなり、恒星間旅行にはるかに適したものとなる。この意味で、ひょっとすると天の川銀河で大半の生命は、炭素ベース（有機体）ではなくシリコン（ケイ素）ベースなのかもしれない。だからといって、「X-ファイル」や「スタートレック」で火山のなかに棲んでいると想定されたシリコン状の怪物というわけではなく、知覚が備わった複雑なコンピュータプログラムを載せるハードウェアだ。シリコンの生命は、ハビタブルな世界で自然に進化を遂げた前身である有機体の種族によってデザインされ、生み出されたからこそ存在する、第二世代となるはずなのである。

こうした理由から、天の川銀河のどこかに知的なエイリアンがいても、都市サイズの巨大な母船でみずからわれわれのもとを訪れることはほぼ絶対になく、知覚が備わったロボットを使者として送ってくるにちがいない。だが、そもそもわれわれがここにいるということを、彼らはどうやって知るのだろうか？　人類はおよそ一世紀にわたり、電波を宇宙へリーク（漏洩《ろうえい》）させている（あるいは意図的に発信している）ので、エイリアンの文明が高感度の電波望遠鏡でSETI計画を実行していたら、われわれを見つけられるかもしれない。しかし、地球を中心として光速で宇宙へ広がるこの電波の泡は、直径二〇〇光年ほどでしかない。それは、直径一〇万光年の円盤である天の川銀河全体のなかでは、非常に小さな領域なので、たとえ天の川銀河にほかの知的生命が存在したとしても、われわれが最近現れたことにまだ気づいていない可能性がある。とはいえ、人類は検出可能

なほど文明化してからまだ一世紀しか経っていなくても、地球そのものは何億年も前から生命のあかしをはっきり示しており、これは、現在の宇宙生物学でとりわけホットな話題のひとつと結びついている。

地球上の生命、なかでも太陽光のエネルギーを吸収して水を分解する植物やシアノバクテリアなどの光合成生物は、酸素を排ガスとして非常に高い率で放出してきたため、大気にため込まれ、初めは数パーセントにすぎなかった酸素が、今では地球の空気の五分の一を構成するまでになっている。酸素はきわめて反応性の高いガスなので、それが大気に蓄積されているのは、生物によって絶えず補給されているからにほかならない。じっさい、大気中の酸素の存在は、惑星の地球化学的特性としては非常に特異と考えられるので、宇宙生物学者はそれを生命存在のあかしと見なしている(とくに、酸素のほかにメタンのような還元性のガスも同時に存在していれば)。われわれは現在、光のスペクトルを調べる分光法によって地球型系外惑星の大気組成を明らかにし、夜空に生命のあかしを探す宇宙望遠鏡を次々と建造しだしている。しかもわれわれは、天の川銀河においては比較的新参者にすぎない。われわれの銀河の歴史で今この瞬間はなんら特別ではなく、別の惑星の生命は、何百万年も前に知能を進化させ、すでに自分たちの望遠鏡で酸素の豊富な大気の徴候を示す惑星を探しているのかもしれない。だがどうやら、われわれが知るかぎり(そしてUFO目撃の心理分析にかんするクリス・フレンチの章を読むかぎり)、地球は明らかに生命をひけらかしているのに、だれからも呼びかけられてはいないようだ。

これはとても不思議な事実で、私には、ふたつの同じぐらい興味深い可能性に到達するように思える。酸素の豊富な地球の大気がだれの注意も引いていないようだというのは、単に生命が非常にまれな存在で、われわれに気づくような文明が天の川銀河にはほかにひとつもないからなのかもしれない。あるいは、酸素の豊富な大気をもつ惑星が驚くほど多くて、そのなかに地球が埋没している可能性もある。第一の可能性の場合、われわれは天の川銀河でひとつきりの孤独な知的生命となり、第二の可能性の場合、生命は確実に宇宙に充ち満ちている。どちらも、私には同じぐらい重大な知見だ。そしてなにより胸躍らされるのは、あなたや私が生きているうちに、大気を観測する宇宙望遠鏡がいくつも打ち上げられ、宇宙生物学によってどちらが正しいのかがわかるだろうという点なのである。

地球上の知的生命であることがこんなにすばらしい時代もない！

Chapter 03

空飛ぶ円盤——目撃と陰謀論をおおまかにたどる

ダラス・キャンベル（科学番組司会者）

Flying Saucers: A Brief History of Sightings and Conspiracies

Dallas Campbell

あなたは犬の散歩に出かけている。午後も遅い時刻で、あたりは暗くなりだしている。すると空に明るい光が見える。動いている？　そう思える。何だろうと考え、一番ありそうなものから挙げていく。飛行機の着陸灯？　金星？　金属箔の気球が光を反射している？　イリジウム衛星の閃光《フレア》？　単に眼のなかで浮遊しているものだろうか？　あるいは軍の基地の近くだとか。風変わりな飛行機か、最近よく噂になるドローンのどれかかもしれない。そしてふと気づく。そうか！　レチクル座ゼータ星系から、アメリカ政府の秘密委員会「マジェスティック・トゥエルヴ（ＭＪ－12）」の黙認を受けて、テレパシー能力のある三人のグレイ〔ステレオタイプの宇宙人を、肌の色からこう呼ぶ〕の操縦でやってきた偵察機にちがいない。あなたが誘拐されるのはその直後かもしれず、それから体が麻痺して息が詰まり、時間が欠落して、性器のあたりに痛みを感じる。あなたは退行催眠時にしかそのあいだの出来事を思い出せず、あとで初めて、うなじに小さな金属が埋め込まれているのに気づくことになる。それはきっと彼らのものにちがいない。あなたの犬は、そうだと言うようにあなたに向かって激しく吠える。

私はちょっとふざけている。だが、ほんのちょっとだ。人間の脳の力とはそんなものであり、ＵＦＯ研究者は、世界じゅうの何千、何万ものＵＦＯ遭遇報告を構成する事実と虚構、誤信、信憑性の低さが複雑にからまった結び目をほどこうとするのが仕事で、それはおそろしく大変なものなのである。ＵＦＯを信じる人も、疑う人も、「信じたがる」人も、ＵＦＯの話題には引き込まれやすい（しかもそれを面白がる）。これはひとつには、隣人がひょっこり現れるという基本的な考えがかなり合理的なものに思われるためだ。なにしろ、地球上の人類文明同士が初めて遭遇するというのは、歴史上何度も繰り返されてきた大きなテーマだからで、われわれには、宇宙はとても広大な

ので、そこにはほかにも知的生命がいそうだとわかっているのである。もちろん、細かいことにこだわる人は、UFOの「U」はエイリアンでなく「未確認（unidentified）」の意味だと言うものだが、ほかの多くの人にとって、UFOという言葉は、地球外生命仮説（ETH）――エイリアンの存在で未確認飛行物体が最もうまく説明できるという考え――と密接に結びついている。ほかの超自然的な説明もそうだが、暗い冬の夜にギシギシ音を立てる古い家で幽霊の話をすると、信じなくても忍び寄る不安を感じるものだ。

アメリカのジャーナリスト、ドナルド・キーホーは、著書『空飛ぶ円盤は実在する（*The Flying Saucers Are Real*）』において一九四〇年代後半の空飛ぶ円盤騒動を調べ、地球は確かに異星文明に観察され訪問されているときっぱり結論づけた。だが、UFO研究――空飛ぶ円盤のような現象の研究――は明らかに「厳密な科学ではない」。あの、どこまでもとらえどころのない話に、ほのかにもっともらしさが加わり、少しばかり妄想が混じることで、そのような考えが焚きつけられ、広く人々を魅了しているのだ。政府の公式な否定や懐疑論者のしつこい詮索は、隠蔽や、真実に対して市民の目がふさがれていることの、さらなる証拠とされるばかり。作家のジョナサン・スウィフトが言ったとおり、「論理で手に入れていない謬見《びゅうけん》は、論理では正せない」［*1］のである。

UFOはまだ実際には地球にやってきていないかもしれないが、われわれの空想ではすでにいたるところに来ている。映画『マーズ・アタック！』（一九九六年）ではホワイトハウスの芝生に降り立つし、ロズウェル事件以来おなじみの地球外生命「グレイ」は、大きなアーモンド形の目をして、近ごろは絵文字（👽）があるほどよく知れわたっている。では、どんな出来事がこうしたイメージに息を吹き込んだのだろう？　そこで、空飛ぶ円盤を異端のサブカルチャーから一般的な都市伝説に引き上げた、とりわけ有名なＵＦＯ遭遇譚を五つ、思い出してもらおう。私は説明になりそうなものも、信憑性にかんするコメントも提示せず、ただ伝えられたとおりおおまかに紹介するにとどめる。ともあれ、真実はどこかにあるのだろうが、人々は本当にそれを見つけたいと思っているのだろうか？　われわれが楽しんでいるのは、ミステリーそのものなのだ。だから、あなたがどの程度信じていようが、しばしそれは忘れてほしい。ほどなくまた科学へ話を戻そう。これから記すのは、世界を変えた空飛ぶ円盤遭遇譚を集めた手ごろなガイドである。

ケネス・アーノルド事件

「超音速の空飛ぶ円盤、アイダホのパイロットが目撃」［＊2］

空飛ぶ円盤を思い描こう。今あなたの頭に浮かんだイメージは、一九四七年六月二四日、見事に晴れわたった火曜日の、午後三時になる一分前に誕生したものだ。アイダホの実業家でアマチュアのパイロットでもあったケネス・アーノルドは、コールエアという軽飛行機で、ワシントン州のチヘーリスから、レーニア山国立公園を越えてヤキマまで、一六〇キロメートルあまりの距離を飛行していた。だがその途中で、レーニア山で消息を絶っていた海兵隊輸送機C‐46の残骸が見つからないかと遠回りしてみた。発見者に五〇〇〇ドルの報奨金が用意されていたのである。アーノルドは残骸を発見できなかったが、ほどなく、残りの人生を決めることになるものを目にした。自分の機を照らす、鏡の反射のように明るい一連の閃光だ。そのときほかに見えていた機は、二五キロメートルほど後方のDC‐4だけだった。そしてアーノルドは光のもとに気づいた。「数珠つなぎになった九個の奇妙な飛行物体」だった。ガンの群れという可能性を排除してから、ジェット機のたぐいにちがいないと考えたが、それを見きわめられず苛立ちを募らせた。陸軍航空軍諜報部への報告で、アーノルドは見たままにこう描写している――「鎖状の列」をなして飛ぶガンの群れ。彼はDC‐4とポケットに入れていた道具をもとに大きさを見積もり、レーニア山からアダムズ山まで飛ぶのにかかった時間を計ることで速度も割り出した。時速一九〇〇キロメートル超。当時はまだ聞いたこともない速度だった。

アーノルドは、ヤキマに着くと自分が目撃した奇妙なものについて友人に話し、そこから向かった先のオレゴン州ペンドルトンでほかのパイロットたちとも話し合うと、考えられそうな正体がいくつか提案された。誘導ミサイル？　試作機？

血気盛んなメディアはすぐにそのネタをつかんだ。六月二六日、『イースト・オレゴニアン』紙は、謎の物体に対するアーノルドの描写を何通りか引用した。「パイ焼き用の型のように平たい」「コウモリにも似た形」「中国凧の尾のよう」、そしてなにより有名なのが、「空飛ぶ円盤」と「皿のよう」という表現だ[*3]。「空飛ぶ円盤」という言葉自体のおおもとは、その後議論の的となり、アーノルドは三年後に、ジャーナリストのエドワード・R・マローとのラジオインタビューで、この点をはっきりさせようとしている[*4]。

> 物体はどれも多少ひらひらしていました。まるで、そう、言ってみれば、荒々しく波立つ水面か、荒々しく渦巻く空気か何かに浮かぶボートみたいに。それで私は、その飛び方を説明したときに、皿を投げて水切りをするような具合に飛んでいたと言ったのです。ほとんどの新聞は、それを誤解して、しかも間違ったまま引用しました。物体が皿のようだったと私が言ったと。でも私は、皿のように飛んでいたと言ったのですよ。

間違えて引用したかどうかはともかく、このとき空飛ぶ皿（円盤）という一般のイメージが生まれた。興味深いことに、アーノルドは、当初受けたいくつかのインタビューでは地球外生命仮説に触れていない。ところが、マローとのインタビューではこう語っている。

私は自分の考えについて、おおむね主張を控えていました。もちろん、根っからのアメリカ人として、私たちの科学や陸軍航空軍のしわざでないとしたら、地球外からのものと考えたい気がします。

ロズウェル事件

「RAAF、ロズウェル地区の牧場で空飛ぶ円盤を捕獲」[*5]

これは、何百万ドルにもなるエイリアン市場の火つけ役となった、一九四七年七月の見出しだ。その日に何が起きたのか、それからの年月で話がどう発展していったのかを詳しく検討するには、無数の記事や書籍、テレビのドキュメンタリー、それにエイリアンの話題をとくに扱っていそうなネット情報のおよそ半分を、丹念に調べる必要がある。だが手短に言えばこうだ。牧場主のウィリアム・〝マック〟・ブラゼルが、ニューメキシコ州の小さな市ロズウェルの北西にあった草地に奇妙な破片が散らばっているのを見つけた。最近ニュースになった「空飛ぶ円盤」（かの有名なケネス・アーノルド事件から数週間しか経っていなかった）の残骸かもしれないと思った彼は、保安官へ通報し、保安官は軍――ロズウェル陸軍飛行場（ＲＡＡＦ）の第五〇九爆弾部隊――へ報告した。破片の回収を監督したのは、ジェシー・Ａ・マーセル少佐だ。「空飛ぶ円盤捕獲」の記事は、公開されるや大騒ぎになる――その後、謎の破片がフォートワース陸軍飛行場へ移されると、記事が取り下げられた。マーセルがしゃがんで破片を持ち上げている写真は有名である（今ではレーダー反射器か気象観測気球のたぐいと公式に確認されている）。とりあえずそこまでは、ほぼだれもが認めるところだろう。しかし、破片がすり替えられていたのではないか？　記事の取り下げは、政府によるもみ消しがあった証拠なのか？　墜落した円盤（複数の可能性も）からはがれ落ちた物は、別の場所にあるのだろうか？　一九七〇年代の後半になって、消えかけた話の燃えさしに再び火が点き、九〇年代までには、スタントン・フリードマン（著書『コロナでの墜落』『トップシークレット／Ｍａｊｉｃ』〔いずれも邦訳なし〕）を筆頭にさまざまなＵＦＯ研究家を巻き込み、陰謀の大火へと燃え上がった。

　フリードマンのように粘り強く調査した人々のおかげで、ロズウェル事件がどういうものかはよく知られている。初めは草地に散らばる金属箔やバルサ材、棒、セロハンテープと、メディアの勇み足にすぎなかったが、いまや話は、不思議な特性や異質な象形文字をもつ風変わりな異世界の物体、墜落した円盤の数をめぐる論争、政府によるもみ消し、エイリアンの死体回収、エイリアンの解剖を収めた映像、マジェスティック・トゥエルヴという秘密委員会による文書[*6]、コメディアンコンビのアント&デックが主演した映画〔『宇宙人の解剖』と題されたイギリスのコメディ映画のこと〕といった広がりをみせているのだ。一方でアメリカ空軍は、一九九七年に『ロズウェル・レポート　事件解決』〔邦訳は『実録ロズウェル事件』（中村省三訳、グリーンアロー出版社）〕を出版し、スパイ気球計画のプロジェクト・モーグルを引き合いに出して説明している。

今日、いつしかパロディに陥っているものの、ロズウェルは現代アメリカの大衆文化で重要な一部をなし、政府不信の大きな象徴となっている。二〇一六年にはヒラリー・クリントンが、UFOへの政府の関与を調査することを選挙公約にまでした[*7]。それが、票を集めそうなほど大いに人々の興味を引くことなのである。ビル・クリントンもバラク・オバマも、トークショー番組「ジミー・キンメル・ライブ!」に出演してUFO問題への自分たちの関与について軽口をたたき、クリントンは、二期目の任期中にロズウェル文書の再調査を命じたことを認めている。キンメルがクリントンに、ロズウェルとエリア51（次のセクションで取り上げる）について「エイリアンがそこにいるのを目にしていたら、私たちに教えてくれますか?」と尋ねると、ビルは「ええ……そうしますよ」と答え、大喝采を浴びた。とはいえ、そう答えるものだとはあなたも思うだろう。ロズウェルは決して「事件解決」となりえないのだ。

エリア51

「エリア51も地球外生命も存在する、とＮＡＳＡ長官は語る」[＊8]

……ただ、それらは同じ場所ではない。世界一有名な極秘軍事基地へようこそ。エリア51――政府の機密物保管庫――は、物理的な場所というよりむしろ心理的な象徴だ。これまで二五年で、ここはロズウェルとともに、エイリアン全般のいわば代名詞となった。いまや、大衆文化にしっかりと根づいており、『インデペンデンス・デイ』（一九九六年）などの映画や無数のテレビ番組に登場するＳＦの舞台となっているのだ。さらにまた、聖櫃《せいひつ》（モーセの十戒を刻んだ石板が収められた箱のこと）の正式な保管施設にもなっている[＊9]。数十年間、アメリカ軍はその存在を認めようとさえしなかったが、今ではグーグル・アースで上空を通過して楽しむことができる。ネヴァダ砂漠の国有地の、広大な制限区域の中央に位置する乾湖、グルーム・レイクにあるそれは、ティカブーというチャーミングな名前の峡谷に連なる丘陵によって、詮索の目から隠されている。こんなふうに現代のおとぎ話のような状態でありながら、エリア51は今も厳重に警備された施設だ。冷戦時代のＳＲ－71、Ｕ2、Ｆ117といった極秘の「黒塗りの」ステルス機をテストする空軍施設として人里離

れて建造されたその周囲は、一九八〇年代に人気の「円盤目撃」スポットとして再び賑わった。理由はきっとおわかりだろう。このあたりを走る、アメリカでもとりわけひとけのない道路「ETハイウェイ」三七五号線では、伝聞や目撃や陰謀論が、生まれてはとめどなく掛け合わされている。

一九九〇年代の初めにエリア51を有名にした人々がいる。とくに興味深いのがボブ・ラザーで、彼は、一九八九年にジョージ・ナップというラスヴェガスのテレビレポーターから「デニス」という偽名で取材を受け、のちに本名で再びインタビューされている。ラザーは、グルーム・レイクのエリア51にほど近いパプース乾湖に造られた、さらに極秘の付属施設（丘の斜面にジェームズ・ボンドばりにカムフラージュされた格納扉を備えている）「S-4」で、「上級スタッフ科学者」として数か月働いていたと言った。超極秘の「マジェスティック」レベルの機密取扱許可を受けて、空飛ぶ円盤の仕組みを理解すべくリバースエンジニアリング（分解調査）をおこなうプロジェクトに従事し、「一一五番元素」を反物質駆動のたぐいで用いる推進システムをとくに専門としていたという。そして自分が見た九機の円盤について、射出成形したかのように継ぎ目も溶接跡もなく、つや消しアルミニウムのようだったと語っている。ラザーは、乾湖の上で一機の円盤のテストも目にした。エイリアンは見なかったが、ブリーフィング（概要説明）の文書でエイリアン解剖の写真は見ていたらしい。

ラザーの職歴と学歴は、多くの人に疑われている。彼がもっていると言った立派な学位は、記録に残っていないのだ。これは、さまざまな身の危険とともに、当局が自分の存在を消そうとしている明白な証拠だと彼は訴えている。

レンドルシャムの森事件

「UFOがサフォークに着陸。公式の発表！」［＊10］

「英国版ロズウェル」と称されるこの事件は、当時アメリカ空軍に使われていた、サフォーク州のウッドブリッジとベントウォーターズというふたつのイギリス空軍基地で、二度の夜にわたって起きた。これにはUFO目撃譚の典型的な要素がすべて含まれている。背景に軍、複数の信頼できる目撃者、「メン・イン・ブラック」による隠蔽、宣誓証言、大きな注射器による尋問。だがそれは、核施設付近でのETとの遭遇だったのか？　あるいは、近くにあるオーフォードネス灯台にすぎなかったのか？　報告や、供述や、インタビューでの発言は、時とともに変わったが、話の骨子は以下のようなものだ。一九八〇年一二月二六日の未明、アメリカ空軍のジム・ペニストン率いるパトロール隊が、レンドルシャムの森の謎めいた光を墜落した飛行機によるものと考え、調査に向かった。しかしペニストンは、おかしなことに気づいた。燃料や残骸が燃えるにおいはせず、無線が使えなくなったのだ。前方では、白くまばゆい光が、小さな青い光やまたたく赤い光とともに、木々のあいだを動いていた。のちのインタビューでペニストンが描写した三角形の機械的な物体は、一辺が二、三メートルで、まったく音を立てず、エンジンや乗員室らしきものは見当たらなかった。触った印象については、「黒く滑らかで、ガラスのよう」と報告している。また、側面のひとつに記号があるのに彼は気づく。知られているどの言語でもなく、図形やシンボルだ（ロズウェルの破片にあった記号を思わせるかもしれない）。午前二時四五分、その物体は空中に数十センチメートル浮かび上がり、なおも音を立てずに、上昇して姿を消した。あとで地上に着陸痕が見つかった。

二日後の夜、基地の副司令官だったチャールズ・ホルト中佐が、ほかの人員とともに基地を出て、物体がまた帰ってくる可能性を考えて調査を始める。目にした出来事を吹き込むディクタフォン〔主に口述筆記用に使用されていた音声レコーダー〕と、カメラと、ガイガーカウンターを携えていた。そこへUFOが再び現れる。赤い光が木々を縫うように進む。光はある農場へ移動し、見た者たちは、溶けた金属のようなものがその物体から流れ落ちる様子を語る。光は複数の白い小さな物体に分かれ、猛烈な速度で消え去る。

ホルトは「ホルト文書」と呼ばれる国防省への正式な書状に出来事を記したが、のちに出来事の一部を削除した。ほかの目撃者も報告書を提出したが、年月とともに話が修正され、尾ひれが付いていく。空軍憲兵隊員のラリー・ウォーレンは、二度目のＵＦＯを別の視点から目撃し、奇妙な光をなんらかの機体と解釈して、「宇宙人」を見さえしたと主張している。そうした目撃者は、尋問され、ダークスーツを着た特別調査部の謎の人物たちから、公文書への署名を促されたとも語る。その人物たちを、あの「メン・イン・ブラック」――ＵＦＯ目撃者の口封じをするのが仕事である政府職員――だと考える人もいる。ペニストンは、彼らに「自白剤」のペントタールを注射された、と退行催眠によって述べている。

灯台がその正体だったというのが、今なお最も支持されている説明だが、尽きせぬ話は人を魅了しつづけている。とくに、目撃者の多くは（ロズウェル事件と違って）まだ存命中で、イアン・リドパスやジェニー・ランドルズなどの「超常現象」専門の作家が今もこの話についてあれこれ語っているからである［＊11］。

ヒル夫妻誘拐事件

「ぞっとするＵＦＯ話。夫妻はとらえられたのか？」［＊12］

ニューハンプシャー州の田舎道を夜遅くに車で走っていて、こんなことは絶対に起きてほしくない。ベティ・ヒルとバーニー・ヒルの夫妻と、犬のデルシーは、カナダでの休暇から帰る途中だった。ベティはソーシャルワーカーで、バーニーは郵便局に勤めながら地域の公民権運動組織にかかわっていた。一九六一年九月一九日の夜、一〇時半ごろのことである。ベティは夜空に光を見つけ、それは、不規則に動きながら自分たちを追ってくるように見えた。見知らぬ惑星？　流れ星？　飛行機？　車を減速させ凝視すると、光を点滅させている円盤状の機体に見える。やがてヒル夫妻が道の真ん中で車を止めると、パンケーキ形の回転する機体が、三〇メートル前方で、一五メートルほど宙に浮かんでいた。車を降りたバーニーは、双眼鏡をのぞき、黒服を着た小さなヒューマノイド〔ヒト型のエイリアン〕たちが、円盤のぐるりにある窓からこちらを見ていると妻に告げる。恐ろしくなった彼は慌てて妻のもとへ戻り、車を発進させた。走っている車の背後から、連続する奇妙なビープ音が聞こえてくる。その後ヒル夫妻は、まどろんだ状態（意識変容状態）になったといい、予定より二時間ほど遅い午前五時一五分にようやく家に着いた。着くまでの道のりや時間は、ところどころ途切れたりよく覚えていなかったりした。夫妻の記憶によれば、ハイウェイから未舗装路へ降りると、バリケードと、人影と、何か輝く球体があったという。帰宅後ベティは、衣服が破れ、不可解な桃色がかった粉がついているのに気づく。バーニーの靴はなぜかすり減っていた。彼は股間のあたりに痛みを感じる。車のトランクにはつやつやした奇妙な斑点がついていて、夫妻が方位磁石の針を近づけるとぐるぐる回った。

　事件から数日後、ベティは出来事をつなぎ合わせた鮮明な夢をいくつも見た。夢のなかではバーニーが幹線道路からそれて森林地帯へ入り、そこでふたりは小さなヒューマノイドの一団に出会い、着陸していた円盤に誘い込まれる。ベティは彼らを、身長一五〇センチメートルほどで目が大きく、口は細い切れ込みで、耳は出ていなかったと描写している。彼らはわずかに片言の英語を話した。円盤に乗ると、やや抵抗したものの、バーニーとベティは別々の身体検査に連れて行かれた。どうやらヒューマノイドのエイリアンとヒトとの違いを知るための検査のようだった。ベティの話では、何もない部屋へ連れ込まれ、耳、鼻、のど、眼を調べられ、髪と爪と皮膚のサンプルをとられたという。へそに大きな針を刺し込まれて激痛が走ると、すぐに彼らは手を止めた。ベティは彼らのひとりと会話をし、銀河系の詳細な星図を見せられた。

　二年後、ヒル夫妻は、兵士の心理的トラウマを専門とする精神科医、ベンジャミン・サイモン博士による催眠セラピーを初めて受けた。バーニーは、潰瘍と不安とストレスをなんとかしようと、別の医師からサイモンを紹介されていたのだ。バーニーへのセラピーでは、彼自身の――ベティより詳細な――身体検査、自分と誘拐者たちのあいだでテレパシーを交わすときのひどくぞっとする感じなど、ベティの夢と同じモチーフが現れた。ベティが見せられた星図もこうしたセラピーで明

らかにされ、その後復元された。点を結んでいき、ある人々によって、レチクル座ゼータの連星系を示すものと結論づけられたのだ。話の一部始終はジョン・G・フラーの著書『宇宙誘拐 ヒル夫妻の中断された旅』（南山宏訳、角川書店）に記録され、この本によって「エイリアンによる誘拐」という現象が世界の注目を浴びることとなった[＊13]。

そしてこの五つのUFO遭遇譚が、無数の目撃報告のきっかけとなった。ここまで読んだあなたにお礼を申し上げる。さあどうぞページをめくって旅を続けて。私の亡き師であり芝居で「超常現象」を探求したケン・キャンベルはこう言った。「私は狂っていない。ただいろんな本を読んだだけだ」

［＊1］ *Letter to a Young Clergyman* (1720).

［＊2］ *Chicago Sun*, 26 June 1947. Wikipedia より。

［＊3］ *East Oregonian* 紙によるケネス・アーノルドへのインタビュー、一九四七年六月二六日。Project1947.com より。

［＊4］ http://www.theufochronicles.com/2013/04/edward-r-murrowinterviews-kenneth.html およ

び http://www.project1947.com/fig/kamurrow.htm より。

［＊5］ *Roswell Daily Record*, 8 July 1947. Wikipedia より。

［＊6］ 「マジェスティック・トゥエルヴ」は、エイリアン案件に精通した政治家と科学者からなる政府内グループに対し、陰謀論者が好んでつけたとされる名称。スタントン・フリードマンは著書『トップシークレット／Ｍａｊｉｃ』で、メンバーの公表を求めている。

［＊7］ http://www.huffingtonpost.com/entry/hillary-clinton-vows-to-investigate-ufos_us_5687073ce4b014efe0da95db

［＊8］ Sarah Knapton, *Daily Telegraph*, 19 June 2015.

［＊9］ 期待外れの映画『インディ・ジョーンズ／クリスタル・スカルの王国』を見ればわかる。

［＊10］ *News of the World*, 2 October 1983. http://www.ianridpath.com/ufo/headline.htm より。

［＊11］ こうした証言の多くは、さまざまなテレビのドキュメンタリー番組で目撃者に対してなされたインタビューによる。事件のさらなる詳細と分析については、真っ当な情報を大量に収めた www.ianridpath.com をお薦めする。

［＊12］ *Boston Traveller*, 25 October 1965. Wikipedia より。

［＊13］ ベンジャミン・サイモンと懐疑的なＵＦＯ研究者フィリップ・クラスにかかわる書簡やメモ、記事は、ロバート・シェーファーのウェブサイトを参照。http://www.debunker.com/historical/BettyHillBenjaminSimonPhilipKlass.pdf

Chapter 04

地球上のエイリアン——タコの知性からエイリアンの意識について何を知りうるか

アニル・セス（認知神経科学者）

Aliens on Earth: What Octopus Minds Can Tell Us about Alien Consciousness

Anil Seth

エイリアンに出会うのに、宇宙へ行く必要はない。地球上で異世界のものを見つけたければ、タコに会いに行こう。数年前、私はナポリ臨海実験所で一週間、十数匹のタコとともに過ごした。生物学者グラツィアーノ・フィオリートに招かれたゲストとして。この驚くべき生物と過ごす幸運に恵まれた多くの人と同じく、私にも、われわれヒトとはまったく違う知的な存在として鮮明なイメージが残った。

エイリアンのことを考えるとき、人はふつう、奇妙な体形や非凡な能力、並外れた知能といったものを思い浮かべる。宇宙にどんな知的生命がいるとしても、その意識はわれわれのものとはまったく違いそうだ。ならば、珍妙きわまりないタコに会ってみよう。まさにわが地球のエイリアンに。物に巻きつく八本の腕には吸盤が並び、三つの心臓と、墨による防衛システムと、高度に発達したジェット推進機構をもち、体のサイズや形、質感、色を自在に変えられ、認知能力は多くの哺乳類に引けをとらない。マダコ（*Octopus vulgaris*）にはおよそ五億個のニューロンがあり、その数はマウスの場合のほぼ六倍にあたる。驚いたことに、このニューロンの大多数は、中枢の脳ではなく、ほとんど単独の動物のようにも見える半自律的な腕にある。タコの知能をうかがわせる徴候はたくさんある。彼らはアクリルガラスの箱のなかから物――たいていはおいしいカニ――を取り出せ、入り組んだ迷路を抜け、自然界にあるものを道具として用い、ほかのタコの行動を見てまねるだけで問題を解決しさえする。タコのＤＮＡまでも、異世界のものに思える。「エイリアンに近いもので初めて配列が明らかにされたゲノムだ」と神経生物学者のクリフトン・ラグスデールは『ネイチャー』誌で語っている。したがって、宇宙のどこかに知覚を備えたエイリアンがいるとすれば、彼らがもちうる意識を知ろうとする一手は、タコの「内なる宇宙」について考えることなのである。

意識を定義する

そのためには、意識の暫定的な定義が必要になる。そして、ここに最初の問題がある。だれもが認めるような確立された定義はないからだ。単純な取っかかりとしては、意識のある生物の場合、「その生物であるとはどんな感じなのかという認識がある」と言える。あるいは、(少なくともわれわれにとっての)意識は、夢を見ない眠りに落ちるとなくなるもの、そして翌朝目覚めると戻るもの、と言うこともできる。もう少し慎重に言えば、意識のある生物の場合、連続した(だが中断できる)流れをもつ、主観的かつ個人的に意識する情景や経験――「現象の世界」――が存在する。

ヒトを基準に考えれば、もう少し区別ができる。まずは意識「レベル」と意識「内容」の区別だ。意識レベルとは、生物がどれだけの「意識をもつ」かということを指す。これは、完全な無意識(全身麻酔の状態など)から、鮮明な意識をもつ覚醒レベルまでの、段階的なスケールとして考えられる。重要なのは、意識レベルが覚醒レベルと同じではないということだ。眠っているとき、たとえば夢を見ていても、意識をもちうるし、生理的に覚醒しているときに、夢遊病の状態や植物状態などで、無意識にもなりうる。

意識内容とは、意識の情景を構成する要素を指す。それはつまり、あなたが意識をもつときに、何について意識するか、である。意識内容には、(やはりヒトの場合は)色、形、におい、考え、明確な信念、感情や気分、欲求や行為の経験などがある。まとめて言えば、意識内容は哲学者が「クオリア」と呼んでいるものであり、クオリアが物理的な「もの」からどのように生じるかは、意識の研究で今なお形而上学的に見て最も不可解なことがらなのだ。意識内容はさらに、刈りたての芝のにおいのように「世界に関連した」ものと、虫歯の痛みや特定の体を自分だと認識する経験のように「自己に関連した」ものに分けられる。体を所有している認識や、世界に対する主観的視座の認識など、自意識のいくつかの要素は、非常に連続的で普遍的なものなので、当たり前のものと思われやすい。ところが、まさにこうした意識の要素が、マダコのような種ではまったく異なっているようだ。彼らの体や、世界との相互作用の仕方は、われわれのものとはまるっきり違っているのだから。

意識レベル——果たしてタコに意識はあるのか?

なにより基本的な疑問は、果たしてタコに意識はあるのかというものだ。人間の意識に必要なものに注目してから、タコもそうした必須の機構をもっているかどうか確かめることで、これに取り組んでみよう。ヒトの場合、意識があるというのは、単にニューロンがたくさんあるということで

はない。ヒトの脳には全部でおよそ九〇〇億個のニューロンが収められている。想像を絶するほど莫大な数だ。驚いたことに、このニューロンの大多数は、小脳――大脳の後ろにぶら下がっている「小さな脳」――にある。脳のこの部分は、さまざまなことがらにとって重要だが、意識に必要なようには見えない。実を言うと、意識はヒトの脳内でどこかひとつの部位にまでたどることができない。確かに、ダメージを受けると永久に意識がなくなる部位はいくつかあるが、そこは意識の経験を実際に「生み出すもの」というよりむしろ、「オン／オフのスイッチ」として理解されているのだ。

現在最も妥当と考えられているのは、ヒトの意識は脳内で異なる部位同士が対話するプロセスによって生じるというものだ。全身麻酔を受けたり夢を見ない深い眠りに落ちたりして意識が薄れると、脳は機能上のつながりを断つ。脳のさまざまな部位がどんどん切り離され、全般的に統合が失われていくのである。その反対も、意識の喪失をもたらしうる。癲癇《てんかん》の欠神《けっしん》発作〔数秒から数十秒のあいだ動作が止まり意識を失う発作〕では、皮質全体で電気的な嵐が生じ、脳のあちこちで活動が極端なまでに同時発生するようになる。いまや多くの実験から、通常の覚醒した意識の状態で、脳の各部位がある程度は自分のことをしながら、同時に統合された「全体」に関与していることがわかっている。これは、意識の経験がそれを経験する者にとってどんなものかという観点から見れば、納得がいく。意識の情景はどれも、一体化したものとして経験するが、一方でそれは多くの別個の要素からなり、意識の経験のそれぞれで異なっているのだ。ある有名な神経科学の理論によれば、「意識の経験には大量の『統合された情報』が含まれている」のである。

これにもとづけば、タコには意識があるのだろうか？　マダコの神経系にある五億個のニューロンは、大量にありうる意識内容を提供するにはおそらく十分なように思える。だが、タコの神経系には、ヒトの脳でさまざまな部位を結んでいるような長距離の高速接続が、はるかに少ない。タコには、そうした長距離の接続を生み出し機能させる絶縁物質、ミエリンがないのだ。また、前にも言ったとおり、タコのニューロンの大多数は中枢の脳の外にあり、この状況は哺乳類の神経系とはまるで違っている。したがって、ヒトをはじめとする哺乳類の意識に必要な、さまざまな脳部位の活動の統合は、タコでは大きく違っている可能性があると言えそうだ。だからといって、タコには必然的に意識がないということにはならない。彼らの意識には、われわれとは大きく異なる特徴があるのかもしれないということだ。それは、ひとつの明確な情景にまで統合されていなかったり、左右の脳半球の分離手術――かつて多用されていた重い癲癇の治療法――を受けた人（いわゆる「分離脳」患者）で起こると考えられているように、ひとつの体のなかで複数の部分的な意識が重なり合っていたりさえするかもしれない。

タコが意識をもつ決定的証拠は、まだつかむのが難しい。行動のレベルでは、タコもほかの大半

の生物と同様、覚醒と睡眠の周期を繰り返し、ほかの種と似たような投与量でイソフルランなどの麻酔薬が効く。しかし、神経のレベルではほとんどわかっていない。タコの脳の活動が直接記録されたことはほとんどなく、記録されたものもほぼ学習と記憶にかかわる単一のニューロンだけを調べている。今必要なのは、さまざまな生理的覚醒状態（と麻酔を受けた状態）において、タコの脳の広い領域にわたり神経活動を記録し、ヒトの意識に見られるような、バランスよく識別と統合がなされていることを示すパターンが見つかるかどうか確かめることなのだ。

意識内容——タコは何を意識するのか?

タコに意識があるとしたら、彼らは何を意識するのだろうか? やはりまずはヒトの場合を考えてから、タコとの比較をしてみよう。

ヒトの意識内容は実にさまざまで、外界の感知にかかわるもののほか、感情、気分、信念や考え、「意志」や決断の経験など、まだたくさんある。感覚認識に的《まと》を絞ると、ヒトの標準的な感覚は、視覚、聴覚、触覚、味覚、嗅覚だ。これらには、あまり知られてはいないが同じぐらい重要な感覚が伴う。身体各部の位置と運動（「固有受容感覚」と「運動感覚」）、バランス、痛み、温度のほか、体内の状態——空腹、のどの渇き、心臓の活動など——を示すたくさんのインプットの感覚だ［＊1］。

タコはどうだろう？　感覚能力の点で、すべてのタコは、夜間や海底にありがちな光の乏しい条件でもよく物が見える。驚いたことに、タコは皮膚で「見る」こともでき、周囲の環境に合わせてカムフラージュをするのにそれを役立てている。タコにはいわゆる味覚と嗅覚と触覚もあり、さらに聴くこともできるがあまり得意ではない。タコの腕には感覚受容器がとくに多く、それはただ触るためではない。多くの吸盤では味覚も感じることができる。近年、カリフォルニア・ツースポットタコ（*Octopus bimaculoides*）の全ゲノムが解読されると、吸盤内で発現するタコ特有の遺伝子群が明らかになった。それはこの非凡な能力の源とおぼしき特殊な神経伝達物質（アセチルコリン）と関連がある。もっとなじみの薄い感覚についてはほとんどわかっていないが、タコがみずからの体の状態をさまざまなやり方で直接感知している可能性は高い。彼らは間違いなく痛みの受容器をもっていて、傷ついた身体部位の手入れや保護など、脊椎動物がするような痛みに関連する行動の数々を見せる。

知覚は、あれかこれかを見分ける感覚ばかりではない。視覚などで環境を知覚する際、われわれは、内蔵カメラのようにただ客観的実在の正確な像を作り出すのではない。むしろ、自分がそのなかでどう振る舞い、それに対してどう働きかけるかという観点から、世界を知覚している。たとえばドアは、単なる長方形の木の板ではなく、「開けられるもの」として知覚される。タコ（や宇宙

のどこかのエイリアン！）の場合、考えられる行動のあれこれがあなたや私とはまるで違うので、同じ環境にいて同じ感覚をもっていても、知覚はまるで違う可能性があるだろう。

タコが知覚にかかわる意識をもつ直接の証拠はまだ見つかっていなくても、見事なほど臨機応変に振る舞う柔軟な行動を示すという事実は、確かに意識的な知覚ができる可能性をほのめかしている。ヒトの場合、意識は行動の柔軟性と密接に関係しているが（見慣れぬ物体に対し、避けるかどうか、食べるかどうかを判断するときなど）、多くの純粋に本能的な反応（熱いストーブに触った手を引っ込めるなど）は意識を必要としない。つまり、タコに意識があれば、環境に本能的に反応するだけではないだろう。受け取る情報を処理して、判断を下すのである。

意識する自己——タコであるとはどんな感じなのか？

ヒトの意識に見られる最大の特徴は、多様で高度な「自意識」だ。ヒトの自意識——「私」であるという認識——は、さまざまなレベルで表れる。たとえば、生きて身体をもっているという基本的な感覚、特定の主観的な視点から世界を眺める経験、「意志」や決断の経験など。さらに、みずからの経験の時間的連続性と関係する、高次の自我にあたる要素もある。たとえば、具体的な出来事についての自伝的記憶（自分自身が経験してきたことがらについての記憶）や、特定の名前（私の場合

「アニル」）がつく「私」という概念だ。ヒトの自我はもとより社会的でもある。私が「私であること」を経験する仕方は、ある程度、あなたにどう認知されていると私が思うかにもとづいているのである。

では、こうした自己のレベルのうち、ひとつだけに注目しよう。特定の体を自分と認める経験だ。そんなのは当然のことと思いたくなるかもしれないが、それは間違いだろう。神経疾患のなかには、自己の実体にかかわる重い障害もある。たとえば身体パラフレニアの場合、自分の四肢のどれかが別人のもののように感じ、また手や足を切断した人の多くは、失った（「幻の」）手足になお痛みを感じる。身体経験の変容は、はるかに平凡な状況でも引き起こされる。有名な「ラバーハンド錯覚」では、被験者は、自分の本物の片手が見えなくされる一方、偽物のラバーハンドを見つめさせられる。それから両手（本物の手とラバーハンド）を同時に柔らかい絵筆で撫でると、ほとんどの人は、ラバーハンドがなぜか自分の体の一部になったような奇妙な経験をする。これは、何が自分の体の一部で、何がそうではないという感覚が、単純に決まっているものではなく、われわれの脳が生み出す意外にも柔軟性のある知覚であることを示している。

タコがわれわれとは違った形で環境を経験するのだとしたら、自身の体についての経験はなおさら奇妙なものになりそうだ。そもそも、彼らにはびっくりするような分散型の神経系がある。一部

の「神経の」制御を個々の腕に委ねることは、タコの腕がいろいろな形に動かせるのを考えれば納得がいく。われわれの比較的固い関節をもつ四肢より、はるかに柔軟性に富むのだ。多くの研究から、実のところタコの腕は半ば独立した振る舞いができ、体から切り離されたあとにも物をつかむ複雑な動きができることが明らかになっている。これは、一般にタコ自身は身体の構成を漠然と認識しているにすぎず、タコの腕であるとはどんな感じなのかという認識さえあるかもしれない（！）ということを示唆している。

触手はSFでよく描かれるエイリアンの特徴であり、タコの腕の柔軟性がもたらす識別の問題は、奇妙な形をしたエイリアンにもあてはまるかもしれない。どうしたらこんがらがるのを防げるかという問題だ。タコの場合、目の前を通り過ぎるほぼどんな物体も腕の吸盤が反射的にとらえるが、なぜかほかの腕（や真ん中の体）にはほぼいつでも触れているのにくっつかない。この自己識別という芸当をなし遂げるための一手は、中枢の脳がすべての腕の位置についてつねに最新のイメージをもつことだろう。これはヒトにとっても十分難しい問題だが、われわれの脳にはその仕事が務まっているようだ。しかしタコの場合、この問題はとんでもないものに思える。ところが最近、タコの皮膚に分泌される化合物が、ほかの腕の吸盤がくっつくのを防いでおり、識別能力の高い化合物ベースの自己認識機構ができていることがわかった。これは、ここ地球でさえ、意識をもつ自己となるのに、われわれヒトとはまったく異質なタイプの感覚をもつ可能性があることを示している。

すると、意識をもつエイリアンを推測するという仕事はいっそう難しくなるのだ！

　タコの目新しい身体的特徴は、半自律的な腕と化学的な自己認識にとどまらない。タコの体は、サイズや形、色、模様、質感を急激に変えられる。そして見事なカムフラージュ能力をもち、環境にしっくり溶け込みながら、おいしい獲物が通るのを待つ（あるいは捕食者をやりすごす）。すべてを考え合わせると、タコがみずからの体を所有しているという感覚は、その意識において最も異世界的な要素と言えるだろう。

地球上と地球外のエイリアン

意識は、辺鄙《へんぴ》な天の川銀河の片田舎にある小さな惑星だけで、進化の偶然により、宇宙の歴史でただ一度きり生まれた現象なのだろうか？　それとも、ここにもそこにも、いたるところにあるのだろうか？　ひょっとしたら意識は、電荷や質量のように、宇宙そのものがもつ基本的な特性ですらあるのかもしれない。今のところ、だれにもわからない。

　われわれにわかっているのは、ヒトが意識をもち、ヒト以外の霊長類やほかの哺乳類、ことによると鳥やタコのように哺乳類以外の種とさえ共通する、意識に必要な生物物理学的な機構がたくさ

んあるという事実である。多くの複雑な生物学的要素と同じく、意識もまた実用的な目的に役立っているようだ。ヒトの場合、意識の情景のなかでまとめ上げられた莫大な量の「統合された情報」をわれわれに与えることにより、絶えず変化する複雑な環境で「しかるべきときに、しかるべきことができる」ように役立っている。

この進化の筋書きがそのまま進めば、宇宙のどこで生じて進化を遂げた生物も、複雑な行動に対するなんらかのボーダーラインを超えたら意識をもつことになりそうだ。重要なのは、そのボーダーラインがあまり高くないのではないかということである。意識をもつというのは、合理的思考や言語の使用ができることではなく、本質的に、リスクとチャンスに満ちた世界で生物が生き延びられるように、世界――と自己――を知覚することと言える。この見方によると、意識は、ヒトの高度な能力――碁を打つなど――を模倣できるが基本的にみずからの存続については気にかけない複雑なロボットや人工知能で生じうる以上に、柔軟な自衛本能にかかわる神経系があれば単純な生物さえもてる可能性が高い。すると、「身体化」〔世界を身体の感覚と結びつけること〕という経験は、あらゆる意識の経験の土台をなすもののひとつだから、地球上のエイリアンも地球外のエイリアンも、十中八九もっていそうなのである。

数十年前、哲学者のトマス・ネーゲルは「コウモリであるとはどんな感じか？」という有名な問いを発して、科学の客観的記述と意識の主観的な「どんな感じか」とのいわゆる「説明のギャップ」を際立たせた。彼は、科学的記述だけでは別の意識を経験できないと指摘した点では、正しかった。われわれヒトは、みずからの脳と身体と環境によって規定された内なる宇宙に、永久に囚《とら》われたままだ。しかし、ほかの種《しゅ》の驚くべき能力を学ぶと同時にみずからの認識の限界を知り、自分たちが世界や自己を経験するやり方が唯一の方法ではないと気づくことによって、われわれは「ありうる意識」の広がりを、驚きをもって垣間見ることができる。われわれにはタコであるとはどんな感じなのかは経験できなくても、その「地球上のエイリアン」であるとはどんな感じなのかという認識が存在する可能性はとても高いように思われるのだ。

　地球外生命については、どこにいようが、意識の可能性はいっそう興味深いものとなる。まったく新しい種類の感覚が必要になる、はるか遠くの惑星の奇妙な環境を考えてみよう。そして、そんな環境に適していそうな、シリコンなどの素材でできてさえいるかもしれない、特異なタイプの体を想定する。われわれの想像が及ぶ限界付近には、肉体をもたない知能や、意識が多数の個体にわたり、単一の「私」が存在しないような「集合精神《ハイブマインド》」があるかもしれない。確かなのは、意識の内なる宇宙が（あなたのであれ、私のであれ、タコやエイリアンのであれ）、どう見ても、星々のなかに見つかる何物にも劣らず魅力と神秘に満ちているということである。

［＊1］

体内の生理的状態を示すこうした感覚は、「内受容感覚」と総称される。脳機能やとくに意識における内受容感覚の役割は、これまで外界の知覚ほど注目されていなかった。ところが今、（私を含む）一部の研究者が、内受容感覚は意識にとって、とくに自意識や主観にとって、より根本的なものかもしれないと考えるようになって、状況が変わりつつある。

Chapter 05

誘拐——地球外生命との接近遭遇の心理学

クリス・フレンチ（心理学者）

Abducted: The Psychology of Close Encounters with Extraterrestrials

Chris French

本書に寄稿された文章は、各分野の著名な専門家の手になるが、その多くでは、生命がこの宇宙のどこかほかの場所でも生まれた可能性を論じている。異星の生命とのコンタクトがなし遂げられたら、人類がなしうるなかでも最大級のセンセーショナルな科学的発見になるというのは、ほぼ万

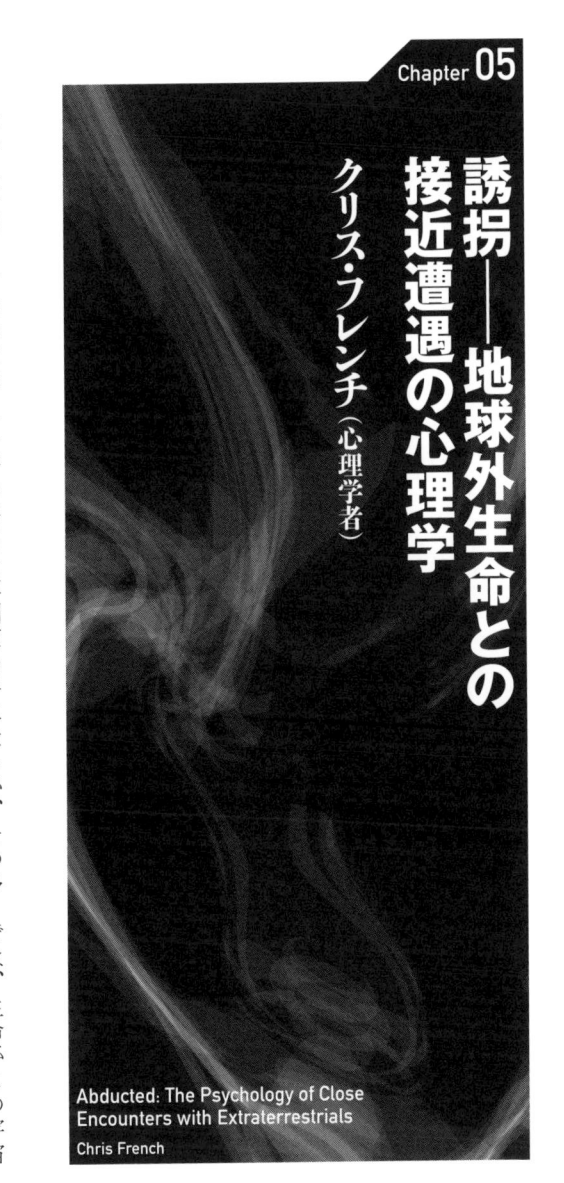

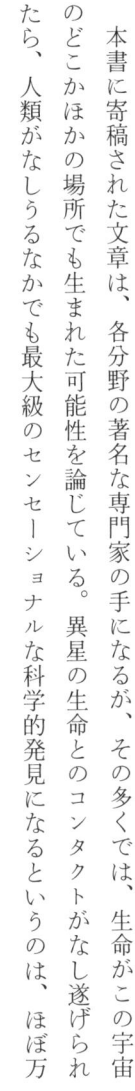

人が認めるところだ。それが、われわれの自分たちに対する見方と、宇宙におけるわれわれの位置づけにもたらす影響は、とても大きいだろう。だから、この問題が人々を魅了し、大いに推測を生むのも意外ではない。一方で、そんな推測はまるっきり時間の無駄だと考える人も世界にごまんといる。彼らは、エイリアンが実在するばかりか、すでに人間とコンタクトしていることを示す確かな証拠がある、と考えているのである。

ナショナルジオグラフィック協会が二〇一二年に一一一四名のアメリカ人を対象におこなった調査によれば、三六パーセントが「UFO」の実在を信じており、信じていないのは一七パーセントにすぎなかった。残りは「わからない」という回答だ。この調査では、UFO（未確認飛行物体）をエイリアンと明確に同じものとは言っていないので、少し注意しなければならないが、ほとんどの回答者は暗にそのふたつを同じと見なしていたと考えていいように思える。ここからアメリカの人口に敷衍《ふえん》すれば、およそ八〇〇〇万のアメリカ人が、本書の寄稿者の大半は「地球外の」生命の可能性をただ推測して時間を無駄にしていると思っていることになる。それどころか、回答者の一〇パーセントは自分の目でUFOを見たと言っていた。

同じような結果は、イギリスの調査でも得られている。二〇一四年に一五〇〇人の成人と五〇〇人の子ども（八～一二歳）を対象におこなわれたアンケート調査によれば、成人の五一パーセントと子どもの六四パーセントがエイリアンの実在を信じ、成人の四二パーセントと子どもの五〇パーセントがＵＦＯの実在を信じていた。もちろん、エイリアンの実在を信じるのと、ＵＦＯの実在を信じるのを区別するのは、至極賢明なことだ。エイリアンが宇宙のどこかほかの場所で生まれている可能性を認めるのは、まったく理にかなっている——だが、エイリアンが現在、かなり頻繁に地球を訪れていると認めるのも、理にかなっているのだろうか？　あるいは、だれかが見たと言ったり、又聞きなのに事実だと信じたりするＵＦＯには、もっとふつうの——地に足のついた——説明があるのだろうか？

　Ｊ・アレン・ハイネックは、一九四〇年代から六〇年代にかけてのＵＦＯ目撃報告を調査するいくつかのプロジェクトで、アメリカ空軍の科学顧問を務めたアメリカ人天文学者である。当初ＵＦＯに懐疑的だったハイネックは、のちに考えを変えたことで有名で、それにより物議を醸した。地球外生命仮説、つまりＵＦＯは地球外生命の宇宙船だとする見方についても、ＵＦＯ目撃報告は「別次元」から来た知性体のあかしかもしれないというさらに物議を醸した考えについても、擁護できる「十分な証拠」があると言ったのだ。そのうえ彼は、ＵＦＯとのコンタクト（接触）の分類体系を作り、それは一九七七年に公開されたスティーヴン・スピルバーグの大ヒット映画『未知との遭遇』〔原題は *Close Encounters of the Third Kind* で、第三種接近遭遇という意味〕で有名になった。

　しかし、この章で私は、心理的要因があらゆる種類の接近遭遇に対して妥当な説明になるという

議論をしよう。なんらかの主張に対して支持する証拠と否定する証拠を比較考量する場合、とりわけ重要な心理的要因のひとつに、「確証バイアス」というものがある。確証バイアスは、われわれの思考に影響する認知バイアスのなかで、おそらく最も幅を利かせているものだろう。これは、得られる証拠について、もともと信じていたり本当であってほしいと思っていたりすることを支持するようにとらえてしまう一般的傾向をいう。われわれが宇宙で孤独ではないという考えが、多くの人にとって明らかに魅力的なら、不十分な証拠をもとに、多くの人がエイリアンはすでにコンタクトしてきていると思い込んでしまっても、おそらく意外ではない。

第一種接近遭遇

ハイネックの分類による第一のタイプの接近遭遇は、目撃のみで、ほかに裏づける証拠がないものだ。人類が初めて空を見上げて以来、つねに何か未確認の物体（あるいは、高層大気で燃える明るい流星など、気象や天体の現象かもしれないもの）を見つけたケースはあった。もちろん、「未確認飛行物体」という言葉が、見ているものが何だか目撃者にわからないことを示すだけのために使われているのなら、問題にはされないだろう。だが現代の見方では、この言葉はなんらかの地球外から来た機体という概念と同義になっている。

実を言うと、地球外生命仮説を擁護する人々さえ、目撃報告の大多数はわりと平凡なものとして説明できることを素直に認めている。UFO目撃報告をもたらす原因として、とりわけよくあるものは、明るい恒星や惑星、流星、珍しい角度から見た飛行機、野外イベントのレーザー光、気象観測気球、スカイランタン〔底に穴があいたちょうちんで、中にあかりをともして行事などで空に飛ばす〕などだ。たいていは、考えられる原因に対し、目撃の時刻や天空での位置を照合することで、UFOの正体を見抜ける。たとえば、近くの空港から夜に飛び立った飛行機といった具合に。

そんなケースで興味深いのは、目撃者が現に見ているものではなく、見ていると思うものによって、報告が影響されやすいことだ。人はふつう、物体の大きさや距離や速度について、近くにあるほかの物体の大きさとの比較で判断するということを、忘れないでおこう。空に見知らぬものが見えるときには、たいていそうした手がかりはない。網膜上で、遠くですばやく動く大きな物体は、近くでゆっくり動く小さな物体と同じ像を結ぶ——それなのに多くの目撃者は、UFOの大きさや距離や速度について自信をもって報告する。だれもそうした知覚の錯誤からは免れられない。プロのパイロットが自分の機から数百メートル以内を物体が飛んでいったと報告したが、さらなる調査で何百キロメートルも先の流星だとわかったというケースは、いくつも記録に残っている。

地球外生命仮説の支持者はよく、提示されたすべてのケースを明確に説明できなければ、懐疑論

者は地球外生命仮説を受け入れるべきだと言わんばかりの立場をとる。これはまったく不合理だ。警察が捜査したすべての事件までは解決できないのと同じで、ＵＦＯ目撃例のなかには、単に的確な証拠がないためにに正体をつかめぬままとなるものもあるだろう。科学における立証責任はつねに、主張を疑う側ではなく、主張する側にあるのだ。

第二種接近遭遇

ハイネックの分類で二番目にあたるのは、なんらかの物的証拠があるケースだ。ふつうは写真やビデオの証拠だが、着陸地点とされる場所の地面に残った跡や放射線量の増加、さらにはレーダーの記録も、そうした証拠に含まれる。ここでは写真とビデオの証拠に対するコメントにとどめることにするが、ほかの種類の物的証拠についても、たいてい地球外生命仮説に頼らずに妥当な説明ができる、と言えば事足りる。

「カメラは嘘をつかない」という言葉は決して正しくなかったし、フォトショップがある時代にさらに正しさが失われている。ＵＦＯとされるものを撮った多くの一般的な写真は、故意の捏造《ねつぞう》であることがわかっているが、ＵＦＯをカメラに収めたとする主張の大半は、自分が見たと純粋に信じている人々によってなされている。そのほかにふたつ、エイリアンの宇宙船の証拠写真があると心底信じるようになるケースがある。第一のケースは、第一種接近遭遇についての議論から当然敷衍できる話にすぎない。だれかが空に何かを見つけ、なんとかその写真を撮る。もちろん、あとでそれがきちんと確認でき、しかるべき調査を続けると、もっとなじみのある正体がわかることもあるだろうが、そうならない場合もあり、すると写真を撮った人はみずからの接近遭遇の「証拠」によって信じたままになる。

第二のケースは、写真を撮った時点では「UFO」に気づかず、あとでよく見て初めて気づくという可能性だ。ここに興味深い心理学的現象がふたつ関係する。ひとつは、「非注意性盲目」というもので、明らかに自分の視野にあっても、何かほかのものに注目していると気づかない現象だ。

この効果の典型的な実証法として、ふたつのグループの人が出てくる短いビデオを見せるものがある。ひとつのグループは白いシャツを着て、もうひとつのグループは黒いシャツを着ている。両方のグループのメンバーが混じり合い、同じグループのなかでボールを投げ合う。ビデオの途中で、ゴリラの着ぐるみを着た人が登場し、真ん中に立って数秒間胸をたたいてから退場する。意外ではないが、ほかに何もせずにじっとビデオを見ていれば、だれでもゴリラに気づく。ところが、黒いシャツのグループは無視して、白いシャツのグループがボールを投げる回数をかぞえよと言われる

と、ほぼ半数の人がゴリラにまったく気づかない。この十分な裏づけのあるきわめて信頼性の高い結果は、とても奇妙なものなら自然と人の目にとまるはずだというわれわれのイメージを完全に突き崩す。同じ理由で、UFOを撮影した人が中央の被写体に注目していたら、背景に妙なものがあってもあとで写真をよく見るまで気づかなくて不思議はない。だから、写真に謎の銀色の影として見えるものは、そのとき——ほかのものに気をとられていなかったら——きちんと確認でき、たとえば通過する熱気球だと説明できた可能性もある。

第二のケースに関係するふたつめの心理学的現象は、「パレイドリア」だ。これは、雲や木目《もくめ》、さらにはトーストにのったチーズにさえ顔を見つけるように、ときとしてランダムなパターンを明確な物体として知覚する、人がだれでももっている傾向をいう。UFOとされる写真について言えば、まるっきりふつうのものが背景にあって、高速で動いているか、珍しい角度から撮影されるかしたら、空飛ぶ円盤のようなエイリアンの乗り物と見間違うぼんやりした像になってもおかしくないということになる。

むろん、提示された写真やビデオの証拠のなかに、地球の大気圏に入ってきた本物のエイリアンの乗り物を記録したものがあったり、エイリアンの訪問がいつか将来そのように記録されたりする可能性は、必ずある。真の懐疑主義者なら、そうした可能性に対しても開かれた心をもちつづける必要があるのだ。しかし特筆すべきは、有線の監視カメラや携帯電話の高画質カメラが普及しているのに、ＵＦＯ目撃を裏づける写真の証拠が概してこれまでと変わらない――たいてい暗い空を背景に正体不明の光がぶれて写った像――という事実なのである。

第三種接近遭遇

このスピルバーグの有名な映画の原題は、人間とエイリアンが直接コンタクトすることを指している。一九五二年、ジョージ・アダムスキーは、カリフォルニアの砂漠で魅力的なエイリアンに会い、宇宙船に乗せられたとまで主張した。彼は、その時代のいわゆる「コンタクティー（被接触者）」の最初で、どのコンタクティーも、友好的なエイリアンとの冒険についてベストセラー本を書いている。そうした話は、面白くはあるが、当時のＵＦＯ研究家にまともに取り合われず、彼らは概して、コンタクティーたちは「過激な狂信者」で、ＵＦＯ研究の評判を落とすことになると感じていた。

しばらくは、文明の進んだエイリアンとの遭遇について、進んでメディアのインタビューに応じる（さらには本を売る）コンタクティーが次々に現れた。初めの何年か、彼らはよく自分の主張を裏づける写真を提示していたが、その多くはすぐに故意の捏造として退けられた。ひょっとしたら

そのように暴かれることへの対応かもしれないが、数年すると、形ある宇宙船の訪問ではなく、精神感応《かんのう》によってコンタクトされたという主張が流行りだした。コンタクティーはたいてい、トランス状態に入り、地球へのメッセージを伝えるためにエイリアンに「乗っ取られる」ようだった。

そうしたケースのエイリアンは、近くの惑星から来たとされることが多かった。テクノロジーが進歩して太陽系のことがもっとわかるようになると、火星や金星といった惑星の環境は、コンタクティーの語ったものとまったく違うことが明らかになった。また、有名なコンタクティーのあいだでメディアや大衆の注目を激しく競うようになると、コンタクティーの主張が手の込んだものになる傾向が明確に見られることもわかった。さらに、それぞれのコンタクティーが、自分が最初にコンタクトされたと主張したくて、初めて遭遇したという日を前倒しにする傾向もあった。確かに言えるのは、コンタクティーが自分を信じる人々にわざと嘘をついていたにせよ、純粋に錯覚していたにせよ、その主張に事実の根拠がいっさいなかったということである。

第四種接近遭遇

ハイネックはこれまで語った三つのカテゴリーを提案しただけだが、もっと最近の識者たちは第四のカテゴリーを加える必要性を感じている。第四種接近遭遇は、人間がエイリアンに誘拐されたとされる遭遇ケースだ。そんななかでも最初期のひとつとして、ブラジルの農民アントニオ・ヴィラス・ボアスのケースがある。彼の話では、一九五七年、夜に農場で働いていて誘拐され、魅力的な女性のエイリアンとセックスをさせられたのだという。女性のエイリアンは、行為のあいだ吠えるような声を発していた。このケースの数年後、おそらく最も有名なエイリアン誘拐疑惑事件が起き、世界じゅうのメディアで報道された。これが、第3章で語られたヒル夫妻のケースだ。

一九六一年のヒル夫妻誘拐疑惑の事件は、それまでのどのエイリアン遭遇の主張と比べても、UFO研究界隈にはるかに真面目に受け止められた。最初にUFOを目撃し、「時間が欠落する」経験があり、退行催眠を使って誘拐の記憶をすべて「復元する」など、このケースに見られた特徴の多くは、その後のケースでも頻繁に現れている。ヒル夫妻の事件については、ジョン・G・フラーによるベストセラー本『宇宙誘拐　ヒル夫妻の中断された旅』に詳しい。そうした話に対する一般の認知度は、それに続く、ホイットリー・ストリーバーの『コミュニオン　異星人遭遇全記録』（南山宏訳、扶桑社）やバッド・ホプキンズの『イントゥルーダー　異星からの侵入者』（南山宏訳、集英社）〔どちらも一九八七年に原書刊行〕、ジョン・E・マックの『アブダクション　宇宙に連れ去られた13人』（南山宏訳、ココロ）〔一九九四年に原書刊行〕などのベストセラー本によってさらに高まった。最後に挙げた本は、UFO研究界隈にとくに歓迎された。ストリーバーはホラー小説の作

家で、ホプキンズは芸術家だったが、ジョン・E・マックは、ハーヴァード大学の精神医学の教授で、ピューリッツァー賞も受賞していたからだ。したがって、彼ほどの人に、自著で報告したいくつもの誘拐体験は「幻覚でも夢でもなく、現実の体験だ」と言ってもらうと、誘拐されたという主張への信用が圧倒的に増したのである。

どれだけ多くの人が、エイリアンに誘拐された自覚的な記憶があると言っているか、その正確な数はわからないが、何万にもなりそうだ。そうした記憶ではたいてい、寝床で金縛りとともに目覚めると何かの存在を強く感じ、エイリアンが見え、宇宙船に連れ込まれていろいろな医療処置を受け、寝床へ戻される。単調なロングドライブのあいだに誘拐され、エイリアンの宇宙船を見せられたり、それに乗せられさえしたりして、人類へ持ち帰るメッセージ――多くは環境汚染や核戦争の危険についての警告――を与えられるといったバリエーションもある。エイリアンに誘拐されたという主張は多種多様なので、「すべてにあてはまる」説明には注意が必要だ。しかし、単なる故意の捏造である少数のケースを除き、ある種の心理的要因は確かに大多数のケースにあてはまるように見える。

エイリアンに誘拐されたとする主張の大半はおそらく偽りの記憶――つまり、実際には起きていない出来事についての見かけ上だけの記憶――にもとづいている、という見解を裏づける証拠は増えている。第一に、おしなべて、誘拐されたという人の人格特性は、対照群に比べ偽りの記憶をとくにもちやすい。彼らは、偽りの記憶のもちやすさとの相関が知られているいくつもの人格特性で高いスコアを示すのだ。そうした人格特性には、空想する傾向や催眠術のかかりやすさのほか、解離性（体外離脱体験など、意識が変容した状態を経験する傾向）や没入性（フィクションの作品に「我を忘れる」など、みずからの精神活動にすっかり没入する傾向）がある。

第二に、ハーヴァード大学のスーザン・A・クランシーらの研究では、エイリアンに誘拐された自覚的な記憶を語る人は、対照群に比べ、偽りの記憶のもちやすさを直接測る実験法で高いスコアを示した。この研究で用いられた実験法は、被験者に一連の単語のリストを見せて覚えさせるというものだ。リストのどの単語も、提示されていないある単語と意味が密接に関連していた。たとえば、「いびき」「まどろみ」「夢」「毛布」「ベッド」「枕」「悪夢」といった単語は示されても、「眠り」という単語は提示されない。ところが、多くの人は「眠り」があったと間違える。すべてのリストで間違えた単語の数を合計すると、それが偽りの記憶のもちやすさの尺度となる。

第三に、エイリアンによる誘拐の記憶を「復元する」とされた、退行催眠などの手法は、今では、期待、思い込み、空想のほか、観た映画や読んだ本などのリアルな記憶の断片といったものをもとに、偽りの記憶を作り出しやすいと広く認められている。作られた見かけ上の記憶は、鮮明なイメージや強い感情を伴ってとてもリアルに感じられる。そんな手法が用いられているのは、ＵＦＯ

研究界隈で、エイリアンは誘拐した人間の記憶からさらわれた体験のほとんどを消すことができると広く考えられているためだ。

ここで注目したいのは、退行催眠などの怪しげな「記憶復元」法では、一般に、期待される内容の記憶が復元されるという事実である。そのため、被験者が自分はエイリアンにさらわれたのではないかと思っていると、それが「復元された」記憶によって追認されてしまう。たとえば、自分は悪魔崇拝じみた儀式で虐待を受けたと思っていたら、「復元された」記憶でそれが追認されるのだ。自分の前世はクレオパトラやナポレオンだと思っている場合でも同じである。どの場合でも、使われる手法はそっくり同じであり、どの場合でも、主張を裏づける独立した証拠がなければ、実際に起こった出来事の正確な説明として受け止めることにとても慎重になる必要がある。

どんな経験が、そもそも自分はエイリアンにさらわれたのではないかと人々に思わせ、経験の記憶全体を復元しようとさせるのだろう？　そのきっかけとなる経験としては、UFOかもしれないものを目撃するとか、「時間が欠落する」経験をするとか、いつできたのかわからない傷痕《きずあと》を体に見つけるとか、いろいろありうるが、どれもまるっきり平凡な別の説明ができる余地がある。たとえば「時間が欠落する」経験は、「高速道路催眠現象」と一般に呼ばれるありふれた経験にすぎない可能性もある。この現象では、単調なロングドライブで軽い意識変容状態に陥り、時間の感覚が変わるのだ。また、だれでも自分の体を隅々まで注意深く調べれば、それまで気づかなかった、いつできたのかわからない傷痕がきっと見つかるにちがいない。それがエイリアンによる医療行為の跡だとする見方は、とりわけ可能性の低い説明のひとつなのである。

しかし、エイリアンにさらわれたのではないかと思わせる要因として最も可能性が高そうなのは、「睡眠麻痺（金縛り）」という現象が少なくとも一度は発生したというものだ。睡眠麻痺は、とりわけ基本的な形では非常に多く見られる。それは一時的な麻痺で、たいていは何秒かしか続かず、睡眠と覚醒の境目で起こることがある。少しばかり不安になるが、それ以上のことはない。一〇～三〇パーセントの人は、少なくとも一度はこの経験があると答えている。もっと割合が減っておよそ五パーセントの人は、はるかにおぞましい体験となる症状が加わると訴え、さらに少数の人が、きわめて鮮明な形で頻繁に睡眠麻痺に悩まされている。その症状は、邪悪な存在を非常に強く感じることや、幻視（たとえば部屋じゅうを動きまわる光、ぞっとするような人影）、幻聴（たとえば声、足音、機械的な音）、幻触（たとえば強く抱きしめられたり、ベッドから引きずりだされたりする感覚）、胸を圧迫されての呼吸困難、強い恐怖などだ。

睡眠麻痺の原因はおおまかにわかっている。通常の睡眠サイクルは、レム（急速眼球運動）睡眠とノンレム睡眠からなる。レム睡眠では、一般に鮮明な夢を見る。そのあいだ、体の筋肉は、おそらく寝ている人が夢のなかの行為を実際にしないように、麻痺の状態にある。ところが、睡眠麻痺

が生じるとおかしなことになり、平たく言えば、まるで脳は目覚めているのに体は目覚めていないような状態になる。その結果、動けないのに周囲の状況はすべてわかるという恐ろしい症状が出るのだ。そのうえ、夢のイメージが、覚醒した意識と混じり合う。そうなった人が睡眠麻痺の現象を知らなければ、自分は頭が変になっているのではないかと思い悩むかもしれない。そして、自分の経験している症状がおそらくエイリアンに誘拐されたことを示していると語る自称ＵＦＯ「専門家」の本に出会ったら、自分は気が狂っているのではないと安心するだろう。次に進むステップは明らかだ。催眠療法士の助けを求め、残りの誘拐体験の記憶をすべて復元してもらおうとするにちがいない。すると最終的に、エイリアンによる誘拐を詳細に物語る、偽りの記憶ができあがる。

結論

科学ではまだ、エイリアンと接近遭遇したという何万もの主張がすべて誤認であることを確実に立証したとは言えない。だが私は、十分に確立した心理学的原理によれば、Ｊ・アレン・ハイネックが提唱した各種「接近遭遇」に対し、妥当な説明が別にあることをここで示せたのならいいと思っている。そこで、本書に寄稿しているほかの方々が、今はまだ宇宙が生命に満ちあふれているのかどうかや、生命がわれわれの惑星だけで生まれたのかどうかはわからないと述べているのは正しい、と私は主張しておきたい。彼らはきっとこの結論で安心するにちがいないし、読者であるあなたも、彼らの章を読んであれこれ考えても時間の無駄ではないと安心できるだろう。

第II部

どこで地球外生命を探したらいいか

WHERE TO LOOK FOR LIFE ELSEWHERE

Chapter 06

ホーム・スウィート・ホーム――惑星をハビタブルなものにする条件は？

クリス・マッケイ（惑星科学者）

Home Sweet Home: What Makes a Planet Habitable?

Chris McKay

惑星はたくさんある。過去二〇年にわたる発見により、今では、天の川銀河に惑星が満ちあふれ、その多くには衛星も回っていると思われることが明らかになっている。そうした系外惑星の多くは、理論上、生命を養っている見込みがある。一方で、われわれの太陽系の世界についての理解も深まった。いまや、外部太陽系〔太陽系内の木星以遠の範囲〕のいくつかの世界で、生命の可能性が期待されている。もはや、地球と火星だけが宇宙生物学者の興味を引く場所というわけではなくなっているのだ。

宇宙のどこかに別の生命を見つけたら、われわれにとって計り知れないほど大きな意味があるだろう。見つけた生命が地球のものとは違い、「第二の創生」――生命の二度目の自然発生――を示していたら、別の生化学的機構の例と比較する科学研究ができる、またとない可能性が開ける。それはまた、生命が宇宙にありふれていることをはっきり示す証拠となるだろう。生命の例を別々にふたつ知ることになれば、宇宙にはほぼ無限に例があると即座に言えそうだ。これは、「0・1・無限大」ルールから予測される。このルールは、多くの領域で、合理的な数は0と1と無限大に限られるというものだ。SF作家のアイザック・アシモフが、最初にこのルールを名作『神々自身』（小尾芙佐訳、早川書房）で宇宙の本質に適用した。

生命の第二の実例を探す最初のステップは、ハビタブルな世界を探すことだ。ハビタブルな世界の基準は、当初は地球であり、表面に液体の水があって、われわれの太陽のような恒星によって暖められていることが重要だった。だが、いまや宇宙のどこかに生命を探す準備が整っていて、系外惑星が無数に発見されていることを思うと、ハビタブルな環境の条件を考えてリストアップし、ハビタブルな世界や生命の証拠を見つける手だてを探るべきときとなっている。

生命についてのわれわれの理解は、必然的に、地球上の生命の研究にもとづいている。まずは「生命とは何か?」という疑問について考えることからだと思うだろうか。しかし、生命の簡潔な定義はできていない。生命の実例をたくさん比較できればそうした定義ができるかもしれないが、定義となるものはおそらく、明確にしにくい複雑なプロセスの本質に存在する。別のどこかの生命を検討する状況で考えるべき第二の疑問は、「生命はどうやって生まれたのか?」だ。現時点で、およそ三五億年前から地球に生命が存在しているとだけは言えるが、どこで最初に生まれたのか、どのように生まれたのか(地球であれ、ほかのどこかであれ)、そのプロセスにどれだけの時間を要したのかは、わかっていない。

生命の定義や、生命の起源について意見の一致を見た説がなければ、答えることのできる疑問を検討して進むのが一番いい。「生命には何が必要か?」「生命の生態学的な制約は?」「生命は何からできているのか?」「生命は何をするのか?」といった疑問だ。こうした疑問に対する答えは、ハビタブルな世界について、またそこに生命がいる証拠の探し方について、知るための土台となる。一般に、地球上の生命に必要なものは、エネルギー、炭素、液体の水、そのほかいくつかの元素として簡潔にまとめられる。

水

地球上の生命にとって生態学的に必須のものは、液体の水だ。それどころか、液体の水の利用可能性こそが、地球にハビタブルな環境を生じさせたようで、ほかの世界の生命についてもそれは言えると考えられている。ならば、ほかの世界の生命の探索が、今は「水を追いかける」戦略にもとづいているのも意外ではない。

木星の大きな衛星のひとつであるエウロパは、氷に覆われた世界で大気はない。それでも、表面の氷の下に、エウロパが木星のまわりを回る際に受ける潮汐応力で暖められた海が、星全体に広がっていることを示す確かな証拠がある。探査機ガリレオから送られてきたエウロパ表面の写真には、氷山や解けて再び凍結した氷殻らしきものが見え、それは一時期は表面下の海だったことを示している。さらに、ガリレオの磁力計も、星全体を覆うわずかに塩分のある液体の水の層を検出し、海の存在をうかがわせていた。エウロパ表面に何本も走る筋は、氷の覆いにできた亀裂のようで、海の水がそこから表面に出てきていたのかもしれない。

分厚い氷の覆いの下に広がるエウロパの海は、暗く、外部の有機物から隔離され、おそらく酸素がないだろう。興味深いことに、地球上でもまさにそんな条件で栄えている微生物の生態系がいく

つかある。

エネルギー

生命は、生物体を作り出し、反応を起こすのに、エネルギーを必要とする。地球では、生命はそのエネルギーを太陽光や化学エネルギーから得る。地球上のほとんどの生態系は、直接あるいは間接的に、太陽光を活動の源としており、表面下の生態系であってもそうだ。表面下の生態系も大半は、表面から濾《こ》されながら下りてくる、光合成で作り出された有機物からエネルギーを手に入れているのである。深海の熱水孔の近くで見つかる微生物や動物の群集は、生命がエウロパの表面下の海で生きられるすべを示す例として引き合いに出されることがある。しかし、そうした熱水孔の生態系は、熱水孔から出てくる硫化水素と、周囲の海水に溶け込んだ酸素との反応によってエネルギーを得ており、その酸素のもとをたどると、表面での光合成に、つまり太陽光に行き着く。

だが、太陽光を必要とせず、表面での光合成で作られる酸素や有機物とはまったく無縁の微生物生態系が三つ、地球上にある。そうした嫌気性化学合成の生態系のうちふたつは、表面下の火成岩における岩石と水の反応で生じる水素を消費するメタン生成微生物が主役で、残りのひとつは、地下深くの放射能で生じる化学エネルギーを用いる硫黄還元細菌が主役だ。

エウロパの生命を考えるうえで、なにより不確かなのは、その起源の問題である。生命の起源について完成された理論はなく、実験室で生命が合成されたこともないので、ほかの惑星における生命の起源については、地球からの類推によって理解の土台を築かざるをえず、地球上の生命は地球で生まれたと想定する必要がある。地球上の生命の起源となる場所は海底の熱水孔だったのではないかと考えられているため、もしそうなら、エウロパに推定されている海で生命の見込みは高くなる。

炭素やほかの元素

炭素と、それを含む有機化合物と呼ばれる分子の一群は、生命を構成する素材だ。炭素以外にも、地球上の生命はさまざまな元素を利用しているが、だからといってそのすべての元素が地球外の生命にも必要とは言えない。水と炭素のほかに、窒素や硫黄やリンといった元素が、きっと必要な元素の優先的な候補となろう。生命には、宇宙全体と同じく、水素原子がほかの種類の原子を全部合わせたよりも多く存在する。大腸菌をモデルとすれば、生命の原子の六〇パーセントは水素で、二七パーセントが酸素、一一パーセントが炭素、二パーセントが窒素だ。ほかの主要元素、とくにカ

ルシウム、リン、硫黄、ナトリウム、塩素は、すべて合わせても大腸菌を構成する原子の一パーセントに満たない。水素と酸素が圧倒的に多いことと、両者の量の比は、生体における水（H_2O）の重要性を物語っている。生命の四大元素――水素（H）、酸素（O）、炭素（C）、窒素（N）――は、太陽系や天の川銀河でとりわけ豊富な元素でもある。

このような元素から、生命は生体分子に共通のコアを組み立て、さらにそれをもとに必要な大型の生化学的ポリマーを作り出せる。タンパク質と、核酸と、多糖類だ。タンパク質は二〇種のアミノ酸で構成され、核酸はDNAとRNAという情報伝達分子で、全部で五種類の塩基からなり、多糖類はいくつか単純な糖が組み合わさっている。こうしたポリマーは、数種の脂質（脂肪、蝋《ろう》、ステロールなどの分子）とともに、生命の基本的なハードウェアを形成している。生命のソフトウェアは、遺伝物質に収められた情報で、これも生命にとって不可欠であり、ひとつの共通祖先にまでさかのぼることができる。

生化学的機構がもつこの非常に際立った特質について、語りなおしてみよう。宇宙に共通する元素は、生命によってモノマーというかなり単純な分子に組み上げられ、それを結びつけることでより複雑な生体分子ができる。うまいたとえは、よくある粘土が、まずレンガに成形され、それを使って複雑な屋敷ができるといったものかもしれない。実際に生きている個体を探すのでなく、死んだ生物の遺骸であってもいいから、そんな生化学版の屋敷を探すことが、いまや太陽系における生命探索の基礎となっている。だから、ハビタビリティ（居住可能性）を念頭に太陽系の各所の世界を調べることは、有益なのである。

生命に対する制約は何か？

では、ここまでざっと説明した液体の水とエネルギーと数種の必須元素があるとして、生命が惑星で栄えるのにほかに何が必要だろう？ 実は、あまりない。しかるべき液体の水があれば、生命はたくましく生き、なかには強い紫外線や宇宙線に耐えられる生物もいる。そればかりか、一部の光合成生物は、直接浴びる場合の数千分の一、数万分の一の太陽光でも利用することができる。生命に対する制約のほとんどは、水の利用可能性と結びついている。高温で水は極性が低くなり、そのため細胞膜が壊れる。また低温では、当然固体になる。高い塩分や極端なpH（酸度やアルカリ度）も、生命活動が起こる媒質となる液体の水の変質ととらえられる。そうした変質があまりに極端になると、生命は生育できない。アタカマ砂漠の超乾燥地帯の岩塩ドームに見つかるシアノバクテリアの種《しゅ》は、水ストレス（水が失われることによるストレス）とオキシダント（酸化性物質）があって、高い塩分濃度のもとでも、生育している。彼らは、極端な環境で生育できる生物のリストに地球代

表として入っている。

生命は何をするのか？

生体のさまざまな活動はすべて、ダーウィン進化としてうまくまとめられる。生殖、変異、選択の継続的なサイクルだ。これが生命のすることであり、生命を、ハリケーンなど、複雑で開放的だが無生物の系〔開放的な系とは、外界とエネルギーや物質をやりとりする系のこと〕――これも生命と同じように、生まれ、ライフサイクル（そのあいだに自己組織化しエネルギーを消費する）を経て、いわば死ぬ――と区別する点となる。そんな無生物の系は、生殖（増殖）さえすることがある。ならばなぜ、生命と見なされないのか？ 遺伝物質に収められた情報をもたないからだ。その情報こそ、ダーウィン進化をもたらすもので、したがって、実質的に生命と自己組織化する開放系との違いなのである。地球外の生命も、たとえわれわれの知る生命とはまったく違う分子、それどころか異なる元素でできていても、ダーウィン進化を特徴とするだろうと考えられる。

生命は水がなくても存在できるだろうか？

一般に生命の探索では、生命には液体が必要で、その液体は、水か、少なくとも水がベースの溶液であるにちがいない、と想定している。ところが、土星で最大の衛星タイタンには、窒素とメタンを主成分とし、ほかに有機分子も多く存在するような、分厚い大気がある。表面の気圧は地球の海面気圧の一・五倍だ。表面温度はマイナス一八〇℃に近く、水が液体でいられる温度よりはるかに低いが、この低さでは大気中のメタンが液化する。タイタンは、生命には液体の水が必要というわれわれの想定に異論を提示する。液体のメタンやエタンをもとに生命の可能性を考えたら、生化学的機構にかかわる環境面の想定をすべて見なおす必要がある。地球上の生命の生化学的機構は、水の特性に合わせて微調整されているからだ。

タイタンの大気に含まれる有機物は生命に必要な化学エネルギーの源となりえ、表面にある液体のメタンは地球上とは別種の生命にとっての溶媒となりうるだろう。液体のメタンは冷たく、水ほどよく物を溶かす溶媒ではない。そんな希薄な溶液のなかで生きるには、栄養物を積極的に探し求め、細胞内に持ち込むなんらかの手だてが必要になる。そうした細胞は、大きな紙のような形になり、栄養物を集められる表面積をできるだけ広くするかもしれない。酵素があれば、低温でも、必

要な反応を触媒作用でうながしてくれそうだ。液体メタンのなかで暮らす炭素ベースの生命がタイタンに存在したら、広く行きわたり、大気に全体的な影響を及ぼすだろう。タイタンの生命に最も使えそうな化学エネルギー源は、水素をおそらくアセチレンとともに消費する反応だ。したがって、表面付近の大気で水素が減っていれば、それはタイタンの生命が及ぼす影響としてなにより観測しやすいものかもしれない。

タイタンの環境の物理的・化学的特性についてわかっている事実をもとにすると、生命が存在したら、その環境で利用できる元素の種類の少なさが、複雑さや生態系に制約を加えるはずだと考えられる。この制約は、溶液の温度が低くて溶解度がわずかになってしまうことで、いっそうひどくなりそうだ。

こうした制約を考えると、タイタン表面の液体に生命が存在すれば、それは単純で、従属栄養性で（地球の植物とは違って自分で食物を作り出すことができない）、代謝が遅く、遺伝や代謝があまり複雑にならなくて、なかなか適応が進まないかもしれない。タイタン表面には液体のメタンやエタンが豊富にあるので、代謝に必要な単純な分子は環境に満ちあふれているとしても、構造や遺伝のシステムに必要となる複雑な有機物は入手も合成もしにくいだろう。できあがる群集は生態的に単純なものとなる可能性があり、ひょっとしたら地球の寒冷で乾燥した環境に見つかる微生物生態系に近いかもしれない。

生命にとって、タイタンの環境の利点には、有機物（主にアセチレンと水素）という形で空からタダで食物が得られること、生体分子の分解という点で（水と違って）非極性溶媒は化学的に優しいこと、星の表面には紫外線や電離放射線が届いていないこと、低温のおかげで熱分解の率が低いことなどがある。タイタンには、きっと一次生産者も捕食者もないだろうし、栄養については単純なシステムしかないとも考えられる。元素の多様性が低く、そのため遺伝的多様性が低いような状況では、光合成ができる程度の複雑な機構は生まれないかもしれない。だが食物はタダで手に入る。低温で考えられる単純な生物や群集なら、必要なエネルギーが非常に少なく、生育もゆっくりだろう。タイタンの生命は単純かもしれないが、遺伝的なシステムがあって、そのため真にダーウィン進化を遂げるものなら、生命の「第二の創生」をはっきり示す、実に興味深い例となるはずだ。

系外惑星

系外惑星や系外衛星の発見は急速に増えており、この先地球に似た世界――われわれの太陽系にあるほかのどの星より、地球に似ている世界――が多く見つかるのは間違いない。系外惑星におけるハビタビリティについての考えは、太陽系を調べる際に用いられる理屈にもとづいている。する

と、地球の生命に必要なものや、生命の元素組成や、生命に対する環境上の制約が、系外惑星や系外衛星のハビタビリティを評価するひとつの手だてを与えてくれる。温度は、液体の水に影響するうえ、系外惑星系の天文観測と気候モデルから直接推定できるので、とくに重要だ。生命は、下はマイナス一五℃、上は一二二℃までの温度で、生育し生殖することができる。地球上の極限環境にあたる砂漠の生命を調べると、乾燥した世界で、雨や霧や雪が少なく、さらには大気湿度がきわめて低くても、光合成には十分で、わずかだが検出できるほどの微生物群集を生み出せることがわかる。生命は、地球上で受ける太陽光の一〇〇万分の一未満の光でも利用することができる。紫外線や宇宙線は、相当強くても多くの微生物には耐えられ、系外惑星の生命の存在に制約を加えるものとはなりにくい。系外惑星に数パーセント以上の濃度の酸素があれば、多細胞生物がいてもおかしくないだろうし、地球に似た世界に高濃度の酸素があれば、それは緑色植物のような光合成の徴候であり、大型動物に必要な条件を与えてくれる。pHや塩分濃度などの因子は場所によって変わりやすいので、惑星や衛星の全体で生命の存在に制約を加えるものとはなりにくい。

ほどなく、地球型の惑星が無数に見つかって、生物が生み出したガス（酸素やメタンなど）の決定的証拠が得られるかもしれない。しかし、存在する生命がどんなものかについては宇宙生物学的調査の手だてがまだないため、その生命の生化学的機構を決定する手だてもなく、真の意味で第二の創生なのか、地球の生命にある意味で似ているのかはわからない。太陽系の世界とは違い、遠くの「太陽系外の地球」に棲む生命の生化学的調査ができるのは、多くの世代を重ねた先のことかもしれない。

見つけたらどうするか？

最後になったが、たとえば火星など、近隣で生命を見つけた場合にもたらされる影響を考えるのは興味深い。火星で実際に生命の第二の創生を発見したら、それは何か倫理的な影響をもたらすだろうか？　それとも、純粋に科学的興味を引くだけだろうか？　惑星の保護にかんする現在の国際的なルールは、地球外の生物や生態系を守ることより、将来の科学調査を守ることに重点が置かれている。火星で生命の第二の創生が見つかったら、たとえその生命が微小なものだけだとしても、この発見により、環境倫理にかかわる奥深い問題が新たに提起されそうで、またその生命に対してどう振る舞うかをわれわれは考えることになるだろうし、とにかく考える必要がある。われわれは、異星の生物について、地球の生命とまるっきり違い、微生物以上に進歩していない場合に、どんな倫理的検討が必要となるかを考えなければなるまい。宇宙探査の主眼を、単に科学的データを集めることから、宇宙の生命の豊富さや多様性を守り高めることへ移すだけの賢さを、われわれがもつ

ように願いたい。

Chapter 07

隣家の人——火星の生命を探る

モニカ・グレイディ（宇宙科学者）

The Next-Door Neighbours:
The Search for Life on Mars

Monica Grady

エイリアンを語るどんな本にも、火星にかんする章がなければならない。文学や映画が示すとおり、火星人が、とくに邪悪で地球人に敵意がある場合に、われわれの心を引きつけるからだ。しかし、火星に生命が存在する実際の可能性はどうなのか？　臆測は、何百年も前からふんだんにある。

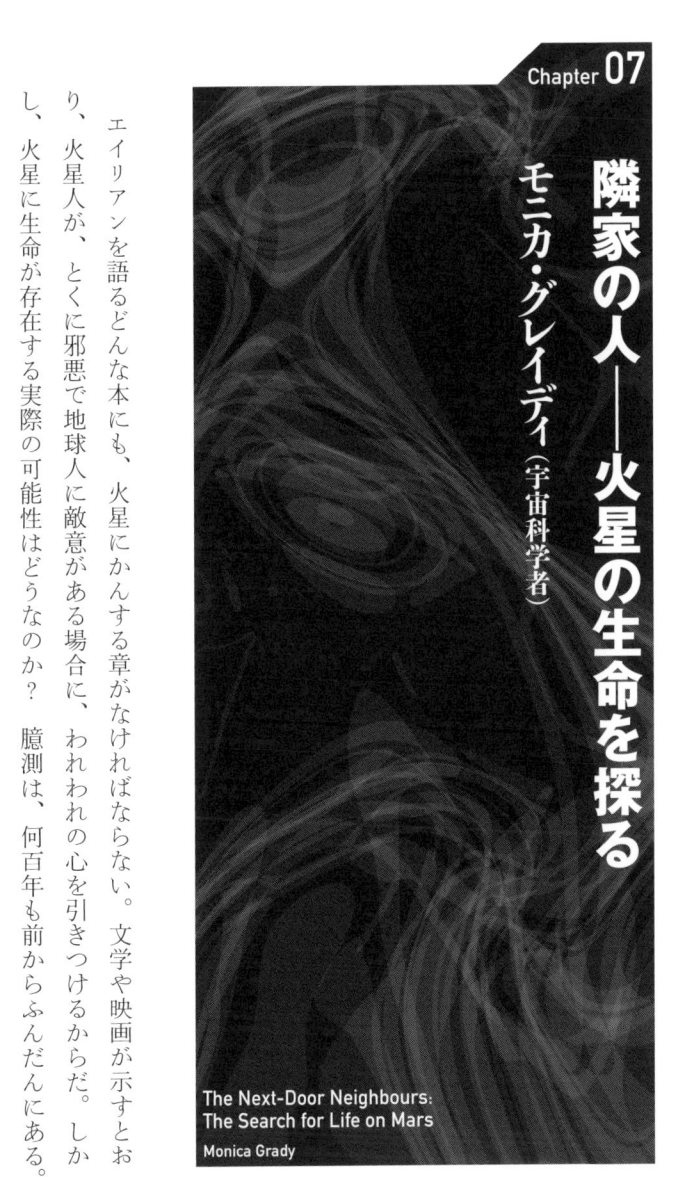

天文学者のジョヴァンニ・スキャパレリによる一八七七年の火星の地図は、望遠鏡で観測して描いたもので、canali（溝）の詳細を示しているが、多くの人は、その地図を火星人文明の証拠になるものと考えた。だが今では、スキャパレリが詳しく描いた地形はそう見えているだけで、当初彼が思っていたような水の流れる溝ではないことがわかっている。さらに、イタリア語のcanaliが溝ではなく運河と誤訳されたせいで、その地形は火星人によって造られたという考えが広まった。軌道上の宇宙機と地上の探査車《ローバー》から火星表面を撮影した画像は、乾燥したほこりっぽい景色の詳細な姿を明らかにしてくれたが、生物の徴候はなかった。岩は地衣類《ちいるい》に覆われておらず、溝の壁に散らばる藻類のしみもなく、荒れ地の露頭によじれた低木の残骸がしがみついてもいない。火星は不毛の地に見える――それでもわれわれは、そこに生命を探すべく宇宙機を送り込んでいる。なぜか？どうしてわれわれは、そこに何か生き物がいるかもしれないと思うのだろう？　その惑星についてわかっていることを見なおし、生物の可能性を検討してみよう。

火星について――地球とどう違うのか？

火星は、地球のおよそ半分の直径をもつ岩石惑星だ。太陽から地球までの距離のさらに半分だけ離れた軌道を、地球のほぼ二年の時間をかけて回っている。いささか不思議なことに、自転速度は地球にとても近く、火星の一日は地球の一日よりほんのわずか長いだけだ。大気はきわめて薄く、ほとんどが二酸化炭素で、気圧にして、地球の平均がおよそ一〇〇〇ミリバールなのに対し、六ミリバールしかない〔ミリバールは現在一般に使われているヘクトパスカルと等価な単位〕。地球の大気がもつさまざまなメリットのひとつは、惑星の断熱材となってくれることだ。そのため、地球の平均表面温度（GMST）はおよそプラス一五℃になっている。火星にはそんな断熱毛布はないので、太陽のぬくもり（火星は遠く離れているから、そもそも地球の場合の半分にも満たない）は大幅に減る。GMSTはマイナス五五℃だ。ちなみに、地球が大気を失ったら、GMSTはマイナス一八℃ぐらいになるだろう。

地球の大気は、寒さを防ぐ断熱材になるだけでなく、宇宙線や太陽の放射からもわれわれを守っている。銀河宇宙線は、ほぼ光速で進む高エネルギー粒子であり、太陽系全体に降り注いでいる。そうした粒子と地球大気の相互作用によって、大半の宇宙線は地表へは届かない。また、太陽からの有害な紫外線も、およそ四分の三は大気に吸収される。ところが火星表面には、無害なレベルをはるかに超える量の放射線が届く。年間で地球の場合の七〇倍を超えるのだ。

地球と同じく火星も初めは、表面が小惑星や彗星の衝突で溶融し、コアは放射性同位体の崩壊で熱せられ溶融した惑星だった。ある段階では地球も火星も、金属のコアの上に岩石質のマントルと

地殻がのった、似たような内部構造をしていた。しかし、火星は地球の半分ほどのサイズしかないので、熱をすばやく散逸して今では惑星全体が固体になっている。一方で地球はまだコアのあたりが溶融状態のままだ。溶融状態のコアが回転すると、地球のまわりに磁場が生まれる。方位磁針を見ればそれはわかる。磁場も、銀河宇宙線や太陽からの高エネルギー粒子に対する防御機構として、それらを地球から逸《そ》らしている。磁場がないと、火星表面と同じように、われわれは高い放射線の危険にさらされるだろう。

地球磁場の存在がコアの流動によるものであるのと同じく、地球表面の水の存在は分厚い大気によるものだ。そして、火星に大気がないことで、荒れ地の景観が説明できる。地球の海水面では、水は一〇〇℃で沸騰する。山に登ると、水の沸点は、標高が三〇〇メートル上がるごとに一℃低下する。これは、気圧が下がると水の沸点も下がるからだ。すると火星では、表面の気圧が六ミリバールしかないので、水はすべて一瞬で蒸発する。H_2O分子が液体の状態で安定していられないのである。氷として地下に埋まっていたり南北の極冠となっていたりはするが、河川や湖沼や海は火星にない。

火星と地球を区別する最後の大きな特徴は、プレート運動だ。火星にはそれがないのである。地球は非常に活動的で、地下での溶融コアの回転がその活動のエネルギーとなっている。プレート運動は、異なるリザーバー（貯蔵場所）のあいだを揮発性物質が移動する炭素循環と水循環の両方で、重要な役割を果たしている。たとえば、樹木の葉は大気から水や炭素を固定する。葉が枯れると、腐敗して土になる。それから何百万年もかけて、土は構造プレートの一部を形作る岩石に変わり、やがて沈み込み（地殻の深いところへ引き込まれ）、溶融すると考えられる。そして火山から溶岩が噴き出すときに、炭素や水は揮発性物質として大気へ戻る。そんな循環がなければ、地球は活動的でなくなるだろう。まさに火星と同じで、地下の発電機《ダイナモ》がないと活動を失いそうなのである。

このように、火星は地球と、内部構造の点でも、磁気圏がほとんどない点でも、大気圏や水圏がない点でも、プレート運動がない点でも異なる。こうした特徴はすべて、地球と火星のサイズの差によるものだ。ならば、それでも火星に生命が宿る希望をふくらますことができるのはなぜだろうか？

なぜ火星に生命が存在しうるのか？

前のセクションでは、火星が、賑やかな生態系をもたらすような環境ではなく、寒冷で乾燥した活動的でない惑星で、表面は放射線まみれだというひどく暗澹たるイメージを描いていた。だが、火星はずっとそうだったわけではない。この惑星ができた当初は、生命にとって安住の地で、流れ

る川と内海があり、生命が育ちうる実に多様な環境が、溶融した内部からの熱で暖められていたようだ。その惑星環境の劇的な変化を知るには、火星が形成の当初からどのように変化を遂げたかに注目する必要がある。

今から四六億年ほど前、太陽系が、渦巻くガスとダストの円盤から形成された。およそ三百万年かけて、現在あるような惑星や衛星を形作ったのである。地球も火星も、同じ材料から、同じメカニズムで、同じ円盤上の半径だけが違う近隣の場所でできた。先ほど簡単に述べたように、地球と火星のサイズの違いこそが、冷却率の差をもたらし、それがさらに、両惑星の固体と液体と気体のリザーバーができていく過程で、あらゆる面に影響を及ぼした。それでも、火星の初期には、生命が誕生したかもしれない時期があった。

生命の第一の必須要件は、適切な材料があることだ。生命の構成要素は、水素、一酸化炭素、アンモニアの分子（H_2、CO、NH_3）である。これらの材料は、宇宙ができていくあいだにふんだんにあったので、惑星ができたときにも存在していたにちがいない。生命の第二の必須要件は、水――あるいはなんらかの液体――だ。これは、分子を濃縮したり運んだりして反応させる媒質となる。最初期の火星の表面に水が豊富にあったことを示す証拠は大量にある。周回する探査機は、景観の写真や、河川、湖沼、三角州《さんかくす》、内海が表面に残した模様の画像を撮影している。火星全体にわたり、粘土鉱物――淀んだ水域で沈殿したにちがいない堆積物――を含むさまざまな時代の岩石の分布地図を作った宇宙機もある。地上で着陸機や探査車のカメラが撮った近接写真には、斜層理〔水などの流れの影響で地層の主な成層面に対して斜めに入った層理のこと〕の岩石のほか、水で角が取れた小石や砂利が写っていた。火星に大量に水が流れた過去があったことに異論は唱えがたい。つまり、何百万年、何千万年ものあいだ、表面に水が安定的に存在したのである。

生命が生じるための第三の要件は、複雑な分子が壊れずにいられるような環境だ。したがって、適度な温度で放射線量の低い環境となる。火星表面をふんだんに水が流れていた形跡の存在は、過去のいつか、水が長期間にわたり液体で存在できるほど大気が厚かったことを示している。大気が厚ければ、表面は温暖で放射線から守られていただろう。

火星ができた当初、この惑星には生命が生まれるためのあらゆる材料と、化学反応を促進する水と、生物が複製を起こし生育するのに適した環境がそろっていた。プレート運動としての地殻の活動はなかったものの、冷えゆく惑星内部にはまだ十分に熱があって何百万年、何千万年も盛んに火山活動を起こし、大気の形成を続けていた。地球の環境は、〔酸素の乏しい大気から酸素の豊富な大気へと〕変化はしていたが、生命の誕生をうながし、生痕《せいこん》化石〔生物の存在や行動の痕跡を示す化石〕は三八億年も前のものが見つかっている。そのため、たとえば四〇億年前に、地球で進化を始めていたのと同じような微生物が火星で進化していた可能性は十分にある。だが、火星では次第に状況が

変わった。惑星そのものが冷えて、二酸化炭素や水などの化合物を大気へ戻していた火山が活動をやめるにつれ、そうした沸点の低い化合物がだんだん失われたのだ。またきっと、太陽風によってかなりの割合の大気がさらに壊滅的に失われたにちがいない。これは、太陽風の粒子が惑星から大気を「剝《は》ぎ取る」現象で、火星は地球に比べて小さいので、重力も小さく、大気がとても取り去られやすい。およそ三五億年前までには、火星の大気はほぼ失われ、それとともに、微生物が、地表に棲む大型の種へと進化する可能性も失われた。

火星に生命がいたとすれば、どこで生まれただろう？ そして今はどこに？

したがって、最初期の火星で地球と同じ条件が存在していたとしたら、論理的に考えて、生命が発展を遂げられなかったわけはないはずだ。すると、火星の気候が三五億年ほど前まではるかに温和だったとなると、微生物はどこで誕生しえただろうか？ 軽々しく答えれば「ほとんどどこでも」となるが、地表に棲む生物は、大気（と水）がなくなり、地表の放射線量が上昇すると、間違いなく死に絶えるだろう。

生命が生き残った可能性のある場所に目を向けるとしたら、内部——岩石のなか——と下——地下で手に入るもの——を探ることになる。地球の場合、岩内生物（英語のendolithは文字どおり「岩の内部」の意味）という大きなグループの生物がいる。このグループには、裂孔岩内生物（岩石内の裂け目やくぼみに棲み、外部環境とまだ直接接触している）と、潜在岩内生物（岩石に潜入し、鉱物粒子のすき間や細孔《さいこう》にコロニーを形成して、外部の直接の影響からある程度守られている）がある。第三のタイプの岩内生物（真岩内生物）は、岩石にかなり深い孔《あな》を掘ることができる。真岩内生物は、ひとつの種類の生物ではない。この用語は、単に生きている環境を言い表している。岩内生物には、あらゆるドメイン〔生物分類で界より上の最高階級〕の生物がありうる。単細胞の古細菌や細菌のほか、多細胞の真核生物も存在するのだ。また単一の種にも、種間の共生関係にもなりうる。たとえば南極大陸には、隠れていてほとんど見えない莫大な生物体量《バイオマス》の潜在岩内生物が、露出した岩の層のうち多くを占める砂岩に棲んでいる。微生物は、岩石の表面から数ミリメートル下で、表面と平行に、細い（一ミリメートル未満の）層として見え、寒さや風から守られ、岩からあるいは光合成によって栄養を得ている。その層のひとつはシアノバクテリアからなり、もうひとつは菌類だ。そんなコロニーが火星で生き残っていることは考えられなくもない。だがこれまでのところ、キュリオシティという探査車による岩石表面下の層の調査では、そうした標本をにおわせるものは明らかになっていない。

近年、地球の地下をさらに深く分け入ることで、洞窟内で繁栄している生態系が明らかになった。

浅い洞窟には、コウモリなど、地表から食物を手に入れている高等な種のほか、流水や洪水によって洞窟へ運び込まれるものを食べて生きる動物が棲んでいる。もちろん、これらは火星の洞窟に存在しうる穴居《けっきょ》生物ではない。地球のもっと地下深くの洞窟に棲む生物は、微生物に限られる。ほとんどの洞窟は湿潤で、コロニーを形成しやすい流水や水たまりがあるから、微生物は生きられるのだ。「乾いた」洞窟にさえ、取り囲む岩石の孔にしか保持されていなくても、少しは水がある。洞窟に棲む微生物は、生きるために、太陽光が必要な光合成ではなく、化学合成——無機分子同士の酸化還元反応からエネルギーを得る方法——を利用している。そうした微生物もなお酸素を必要とし、酸素は地球では光合成によって生み出されている。ほかの栄養はほぼすべて岩石から得ており、老廃物としてメタンガスを生み出すことが多い。火星では、穴居生物が、ひょっとしたら代謝経路の酸化剤として酸素の代わりに一酸化炭素を使って、やはり化学合成で生き長らえている可能性もある。火星表面の画像で洞窟の存在は確認されているが、どの洞窟でも、地下生態系の有無を明らかにする探査はまだなされていない。

火星に生命の形跡はあるか？　どんな形跡を探すべきなのか？

今日まで、火星の軌道上から、あるいは表面で、どの宇宙機も生命らしいものを見つけていない。

一九七六年から七七年にかけて、二機のヴァイキング着陸機は生命活動を検証する実験をおこなったが、機器が示した結果ははっきりしないものだった。その一因は、採取したサンプルが惑星表面のものだったため、土壌の表層数ミリメートルに有機化合物が存在しても太陽の紫外線で失われていそうだということにある。

表面に有機化合物がないとしたら、もっと下には何かあるだろうか？　探査車キュリオシティは、七センチメートルの深さまで孔をあけたが、まだ放射線の影響があるゾーンより下になるほど深くはないだろう。それでも有機分子が見つかった――ただし、それが混入物でないのかどうかという懸念はなおある。火星の有機物についての情報は、火星起源の隕石の分析からも得られている。しかしここでも、有機体が見つかってはいるものの、地球で混入したものである可能性は捨てきれていない。したがって、火星上の有機物の存在はまだ確定していない。

ほかにどんな生命のしるしを探すべきだろうか？　地球では、複雑さを増していく化石によって、動植物の進化を、単純な微生物から、高度に特殊化した多細胞生物まで、たどることができる。だが火星では、生命の化石証拠を探すことはほとんど不可能だ。現在稼働している探査車、キュリオシティとオポチュニティは、火星の表面とわずかに表面から下を、顕微鏡など多様な機器で調べているが、どちらの探査車にも、化石化した微生物の痕跡を明らかにすべく岩石を割る道具は備えら

れていない。火星の岩石に化石が見つかったという報告はひとつある。一九九六年、石化した細菌かもしれないものが、隕石に発見されたのだ。しかし、その主張は物議を醸し、二〇年経った今も発見をめぐって議論がなされている。問題のひとつは、隕石が回収されるまでおよそ一万三〇〇〇年も南極にあったので、その標本に地球の微生物が棲みつく時間は十分にあったという事実による。

生命の存在の診断に役立つと見なされているシグナルがひとつある。それは、惑星大気におけるメタンの存在だ。メタンは紫外線を浴びると壊れるため、それが存在するということは、大気に継続的に補給する出どころがあることを示している。出どころは非生物的である可能性もある。たとえば、玄武岩などのケイ酸塩岩が風化を受けると、地球で永久凍土層が解けたときのように、メタンが発生する。生物起源のメタンもありうる。地球では、シロアリや反芻《はんすう》動物がメタンの主な生産者だ。そのガスは、彼らの消化器系に棲む細菌によって体内で生み出されている。それどころか、さまざまな生息環境の微生物は、地球でメタンの主な供給源となっている。

火星の大気でメタンは、ふたつの手だてによって見つかっている。まず地球の望遠鏡で発見され、そのメタンは、火星表面の特定地域の上空で凝縮されて、雲やプルーム〔煙状の上昇流〕になっているように見えた。三年後に再び観測すると、メタンは消えていた。このことから観測者らは、雲は季節性のもので、火星の夏にしか発生しないのだと提唱した。メタンは、火星を周回する宇宙機マーズ・エクスプレスに搭載された機器でも検出されている。これも凝縮して雲になっているように見えたが、望遠鏡観測でメタンを見つけたのとは違う地域の上空だった。あいにく、(望遠鏡と宇宙機の) どちらの観測結果の解釈も単純ではないので、この量のメタンが意味することについて、明確な結論を引き出すのは難しい。これまでのところ、このメタンが生物起源のものであるという決定的証拠はない。したがって、メタン生成細菌が火星の地下生態系で生きているとしても、それが検知できるほど多くのメタンを生み出してはいない。

火星にエイリアンはいるのか?

この質問に簡潔に答えれば、イエスだ。とくに、英語のalienを「別の何かに属するもの」とする辞書の定義にもとづけば。その意味で、火星には少なくとも八つのエイリアンが存在し、このうち六つは沈黙して動かないが、キュリオシティとオポチュニティという名のふたつは今も周囲を探査しており、ときおり止まっては、岩に孔をあけたり景色を写真に収めたりしている。これらは真にエイリアンだ。遠くの惑星から、リモートコントローラーによる命令に従う人工知能なのである。しかし、本章のテーマは火星の「エイリアン」ではなく、火星に棲む生物だ。だれかいるのか?今のところ、生命の形跡は見つかっていない。だが、まだ地下を探っていないし、表層から十分深

くまで掘ったり孔をあけたりはしていないので確証はない。いわば、判決は下されていないのだ。もしかしたら火星に棲む生物はいるかもしれない。少なくとも、われわれの作った「エイリアン」が、生物の存在する証拠を探すうちに皆殺しにしていなければ。

Chapter 08

もっと遠く——巨大ガス惑星の衛星は生命を育めるか？

ルイーザ・プレストン（宇宙生物学者）

Further Out: Could the Moons of the Gas Giants Harbour Life?

Louisa Preston

液体の水と、エネルギーと、栄養は、現在、生命に必要であると理解されている一般的な条件だ。これまで地球のさまざまな生物相を観察した経験から、水のあるところならどこでも、生物が見つかる可能性は高い。だからこそ、太陽系全体で液体の水の貯蔵場所にかんする推論、それどころか

発見までもが増えていることは、地球外生命の探索を後押ししている。しかし、地球は生命にとって（ほとんどの場所が）きわめて居心地の良い環境だが、ほかの惑星の条件ははるかに生命に適さない。それでも見つかる望みを高めてくれるのは、地球上の厳しい環境条件でもある種の生物が繁栄でき、その環境が、太陽系やそれ以外の惑星や衛星に存在しうる物理的・化学的条件に近いという事実だ。

この「極端を好む」生命は、「極限環境生物」とひとくくりに呼ばれ、細菌や古細菌といった単細胞生物から、ペンギンや緩歩《かんぽ》動物（クマムシ）などの多細胞生物まで含められる。緩歩動物は、大きさが〇・五ミリメートルもない、小さな半透明の動物で、鎧を着た八本足のパンダのようだ。地球上のだいたいどこでも見つかり、五回の大量絶滅のすべてを生き延びており、放射線だらけの真空の宇宙空間さえ耐えられる。地球外生命を探すのに役立つ極限環境生物の具体的な種類としては、好熱性生物（熱いのが好き）、好冷性生物（冷たいのが好き）、好塩性生物（塩が好き）、好圧性生物（高圧下で生きる）、好酸性生物（低いpHつまり酸性の条件で生きる）、好アルカリ性生物（高いpHで生きる）、嫌気性生物（酸素なしで生きる）のほか、極端な放射線に耐えられる生物がいる。こうした生物のどれも、太陽系内の地球以外の世界に存在する厳しい環境に耐えられる可能性がある。実際に耐えられるかどうかは、まだ答えが出ていない問題だが。

途方もなく多様ではあるが、現在のところ生命の事例はひとつしかなく、それを養える世界のひな型もひとつしかない。地球という惑星は生命にはうってつけだ。十分な大気に守られた岩石質の世界で、太陽系のハビタブル――つまり「ゴルディロックス」――ゾーンに位置するので、〔大半の部分は〕液体の水に――それゆえ生命に――好適な温度に保たれている〔ゴルディロックスは、童話「三匹のクマ」でクマの家に迷い込んだ少女ゴルディロックスが三種のスープの味見をして、熱すぎず冷たすぎず適温のスープを見つけたという話からきている〕。異星の生命を探す場所として、ほかの惑星がまず思い浮かぶが、衛星も同じぐらい生命を育みやすく、いくつか大きな鍵を握る環境が存在するので、太陽系内の特定の衛星は地球外生命の探索で大いに関心を集めている。ゴルディロックスゾーンのなかで候補となる衛星は、地球の月と、火星の衛星フォボスとダイモスだけだが、どれにも大気や液体の水がないので、生命の形跡が見つかる候補として真剣に考えられてはいない。ところがゴルディロックスゾーンは、従来考えられていた以上に広いだけでなく、太陽系内で離れた複数の場所に見つけることもできる。いまや、太陽のまわりにハビタブルな帯を形成するのでなく、外惑星〔太陽系で木星以遠の惑星〕を周回する、複数のゴルディロックスゾーンがあると考えられているのだ。そのおかげで地球外生命の探索はこうした衛星へと向かっており、木星と土星という巨大ガス惑星を周回する凍てつく天然の衛星は二一〇個を超える。さらに言えば、そんな衛星のいくつかは、宇宙生物学的にとても興味深いということが明らかになっている。それらがめぐっている惑星

よりはるかに興味深いのだ！

天文観測と最近の宇宙探査ミッションにより、こうした外部太陽系の衛星の多くは地質学的に活発な天体で、氷を噴き出す火山や、溶岩、地球の国レベルの規模をもつ間欠泉《かんけつせん》、何千もの衝突火口、溝や谷が広がる巨大なネットワークがあることがわかっている。なによりわくわくさせられるのは、そうした衛星がまた、ハビタブルかもしれない環境を豊富に見せてくれている点だ。凍てつく表面は生命にとって最適とは言えないにしても、液体の水からなる海が氷の殻の下に隠れているのか、それは生物が利用できるほど長期間存在していたのかという問題は、探究心を刺激した。氷の層の下に液体の水があって、衛星内部から（放射性崩壊や火山活動や熱水作用による）熱源の放射を受けていれば、そのような衛星は生命の棲みかになりうると考えられる。しかし、宇宙生物学者にとって問題は、そうした氷衛星にいくつもある地質学的環境が異星の生命の棲みかになりえたとしても、地球でとりわけ厳しい環境よりも圧倒的に極端なので、それとうまく比較や類推ができる地球の環境――や考えられる生物――は、数が少なくて見つけにくいということだ。今のところ、そんな氷衛星に実際に存在する条件について、知られていることの多くは、明確なデータではなく推論にもとづいている。こうした世界で生命を見つけるには、もっとわれわれの近くで見つける場合よりもはるかに多くの経験的推測や想像力が必要となる。とはいえ、それがまた楽しいのだが。

巨大ガス惑星の世界

　木星や土星で実際に微生物の検証ができるようなサンプルは採取されていないが、われわれの知る生命がそこにいる可能性はないことを示す、確かな証拠は十分にある。木星は主成分が水素とヘリウムで、生命を養える水はほぼない。この惑星に生命が生育できる固体の表面はないため、ごくわずかな可能性は、高層大気に浮かぶ微視的な世界にある。ところが、木星の大気はつねに大混乱の状態なので、これさえも見込みがないように思われる。つまり、かりに生命がどうにかして圧力の低い上層にとどまり、太陽からの苛酷な放射線に耐えられても、やがては圧力が地球大気の何千倍もあり温度が一万℃を超える世界に吸い込まれてしまうのだ。生命はほぼ一瞬で葬り去られるだろう。地球上で現在知られているどんな生命も、そんな環境では生きられない。

　木星に生命がほぼ存在しえないとしたら、土星についても同じことがきっと言える。もっと大きなほうの隣人と同じく、土星もほぼ水素とヘリウムからなり、ごく微量の水氷《すいひょう》が低い雲層にあるだけで、やはり生命が生きられるような固体の表面はない。雲のてっぺんでは温度がマイナス一五〇℃ぐらいで、大気を下降するにつれ暖かくなるが、圧力も上がる。あいにく、液体の水になれるほどの温度になると、圧力が生命には高すぎるものとなる。そこでは風も相当強く、最大で時速一

六〇〇キロメートルに達する。

エウロパ

太陽系でハビタブルな環境を探すにあたり、とりわけ重要で興味深い衛星のひとつは、木星の衛星エウロパだ。一見したところ、エウロパはことさら生命にとって魅力的な様子ではない。地球やほかの地球型惑星のようにケイ酸塩岩でできてはいるが、液体の水ではなく、厚さ一〇〇キロメートルもの滑らかな水氷のシートで覆われている。木星の磁気圏のなかにあるので絶えず電離放射線を浴び、表面温度はマイナス一八七℃からマイナス一四一℃の範囲で、微生物が生育できる下限をはるかに下回る。太陽から八億キロメートルほども離れている（地球の五倍以上も遠い）のだから、それも意外ではない。

表層の氷そのものは、地球で現在知られているどんな生物にとっても、耐えられる環境ではない。だがこの氷は、猛烈な放射線の攻撃を十分に防いで、下にある有機物、さらには生物さえも保持するだけでなく、より適した温度にしてくれるかもしれない。池に張った氷が下の水の断熱材となり、水を液体にとどめて水生生物を生き長らえさせるのと同じで、エウロパの氷の殻は広大な海を守り、太陽から非常に遠くても液体でいられるほど保温してくれている。エウロパは、木星のまわりを回る際、その大質量の惑星に曲げ伸ばしされて奥深くに熱を発生させ、それがまた水の凍結を防ぐのに役立っている。この匿《かくま》われた塩水の海はかなり小さいと思うかもしれないが、実はエウロパは月よりほんのわずか小さい程度で、その海の体積は3×10^{18}立方メートルと推定されている——地球の海をすべて合わせた体積の二倍だ。もしかしたら活動する火山や熱水孔がその海の底にあって、水を温め、地球と同じように微生物が繁栄できる場所を提供する役目を果たしているのかもしれない。したがって、エウロパには、生命が発生し、さらに持続さえするために必要と考えられる、二大要素があるように見える。水と熱エネルギーである。あとは、有機化合物を見つける必要があるだけだ。

エウロパは生命に極限環境の試練を与えるものとなるが、地球でもたくさんの極限環境生物や極寒の環境が、エウロパのハビタブルな環境に近い状況を提供しうるだろう。第一に、地球の塩湖とエウロパの海のあいだには、重要な共通点がある。スペインにあるティレス湖は、エウロパ内部の塩水に似た、塩分濃度の高い、硫酸塩を豊富に含む水を湛《たた》えている。しかも、こうした水のなかで生育して繁栄する好塩性生物が見つかっているのだ。第二に、地球にも氷の下に隠れた液体の水の湖がたくさんあり、なかには南極の氷床下三キロメートル以上で見つかっているものもある。地熱と上の氷の圧力が合わさって、液体に保たれているのだ。ヴォストーク湖、エルズワース湖、ボ

ニー湖、ヴィーダ湖は、エウロパの表面下にある塩水の海に近いと考えられており、しかも、氷床下で何百万年も生命が生きられる可能性を示している。二〇一二年に、知られているなかで最大の氷底湖であるヴォストーク湖の上の氷から採取したコア〔掘削で抜き取った円柱状の地層サンプル〕からは、推定三五〇七体の生物のDNAが明らかになっている。エウロパには、ハビタブルな海底の環境もあるかもしれない。地球の海底の暗く寒冷で高圧の環境には、種々の極限環境生物の群集が存在する――とくに、中部大西洋のロスト・シティーや太平洋のマリアナ海溝など、深海の熱水噴出孔のあたりには。こうした似た環境を調べることは重要だ。今はエウロパの深海生物圏を実地調査するのは無理だとしても。

エンケラドゥス

土星の衛星で六番目に大きなエンケラドゥスは、直径五〇五キロメートルで氷の殻に覆われ、表面温度は昼でもマイナス一九八℃と寒い。NASAの探査機カッシーニが二〇〇五年にフライバイ（接近通過）したとき、宇宙生物学者は、この衛星の表面で今も地質学的活動が起きているのを目にして、興味津々となった。微細な氷の粒と水蒸気からなる巨大なジェットが、南極の氷の火山から噴き出るのが観測されており、それは氷でできているわりに驚くほど温かい。これまでにこうしたジェットが一〇〇以上も見つかっている。それは、最終的に宇宙空間へ数千キロメートルも立ちのぼる大きなプルームとなり、表面下の海のものと科学者が考えている水だけでなく、単純な炭素ベースの有機分子や、窒素と二酸化炭素とメタン（N_2、CO_2、CH_4）などの揮発性物質も含んでいる――これは彗星の化学組成に近い。爆発的な間欠泉はどれも宇宙空間に四〇〇キロメートル以上も噴き上がり（おおよそロンドンからパリまでの距離にあたる）、噴き出た水蒸気の一部は雪としてエンケラドゥスに戻って降り積もるが、残りはその星を抜け出して、土星の環のひとつ（E環）を構成する素材のほとんどすべてとなっている。

カッシーニがフライバイ中に集めたデータによると、この凍った外殻の下に岩石質のコアがあり、外殻とコアにはさまれるようにして液体の水の海が星全体に広がっているという。この海は、エンケラドゥスの岩石マントルとじかに接触しているため、生命に役立つたくさんの興味深い化学反応が起こりうる。この海はまた、地球の海にあるのと同じ塩化ナトリウム（いわゆる食塩）で満ちていそうで、pH11〜12のアルカリ性だ。そのアルカリ性をもたらすのが、金属を含む岩石と水との相互作用で、その結果、水素分子が生じる（これがまた化学的なパワーの源となる）。そうしたエンケラドゥスの奥深くで起こる化学反応によって、表面下の生物圏を養いうるエネルギーが放出される可能性がある。この異星の水域は、炭酸塩も豊富に含んでいるので、きっと大西洋や太平洋よりは、

カリフォルニアのモノ湖のようなソーダ湖〔炭酸ナトリウムなどのナトリウム塩を豊富に含む湖〕に近い。さまざまな極限環境生物が、この種の塩分濃度の高い地球環境で生きている。エンケラドゥスの海底には、活動的な熱水噴出孔があると考えられ、これは、そこの条件が、地球で最初の生命のいくつかを生み出したものに近い可能性を示唆している。生命に必須の化合物は、衛星の奥深く、ジェットの供給源から得られたにちがいない。したがって、生命に必要で利用される有機分子が、エンケラドゥスの内奥にあると想定できる。

エンケラドゥスの表面下で考えられる生態系は、地球の多くの生態系とは異なるだろう。生物は酸素と無縁で、光合成（太陽光のエネルギーを使って二酸化炭素と水から生体分子を作るプロセス）の反応で生じた有機物にも頼れないからだ。アイスランドの若い火山では、エンケラドゥスのプルームによく似たものが見られ、それどころかそこにいる生命の形態も近いと考えられる。アイスランドには、いたるところに間欠泉や温泉がある。それは地球の表面にできた割れ目で、沸き立つ熱湯が華々しい噴水となり、地面を鉱物や栄養の豊富な水で覆っている。アイスランドの温泉のまわりでは、好熱性細菌や好酸性細菌が微生物マットを形成し、地面を這いまわって酸性の湯のなかで繁栄している。そうした温泉は、エンケラドゥスで噴き出す巨大なジェットに比べればちっぽけなものにすぎないが、温泉が生じるプロセスや、それによってハビタブルな環境を形成・維持できることを、われわれに教えてくれる。

タイタン

少なくとも外見上、地球とよく似た場所は、土星の衛星でとくに濃い靄《もや》のかかったタイタンだ。一見したところ地球に似ているタイタンは、窒素に富む濃密な大気をもち、雲と季節性の嵐が表面に残すしみはとても大きくて、軌道上からでも見える。太陽光と土星の磁気圏からの電子がタイタン全体へ流れ込み、大気中の窒素やメタンを分解すると、連鎖反応が始まって最終的に炭素に富む化合物ができる。こうして生じる固体有機物の靄が、大気に満ちて表面を見えなくしているのだ。この見通せないように思われるベールの下には、山や砂丘、川床、湖、入江、海のあるなじみ深い景観が広がっている。海のひとつ、クラーケン海は、北米のミシガン湖とヒューロン湖を合わせた面積の三倍もある。

似たところはここまでだ。探査機カッシーニが明らかにしたタイタンの世界は、われわれの世界にずいぶん似ているように見えるかもしれないが、化学組成はまったく違っている。表面温度はおよそマイナス一七九℃なので、表面の液体はとうてい水ではありえず、メタンとエタンの混合物である可能性が高い。これらの（地球上では気体となる）炭化水素は、タイタンの寒冷な環境のために表面を液体として流れることができる。それどころか、タイタンで二番目に大きな海、リゲイア海

に存在する液体の炭化水素は、地球上の石油と天然ガスの総埋蔵量の一〇〇倍もあり、おそらく地球とは何かまったく違うプロセスによって生じている。不気味なほど似ているがまるっきり違う点は、それだけではない。タイタンに散らばっているのは、岩石ではなく、水氷のかたまりだ。溶岩があるのではなく、水氷にアンモニアが混じってシャーベット状になっている。表面の泥のように見えるものも、空から雨になって落ちた煙霧《スモッグ》の粒であり、風の吹きつける砂丘まであるが、それも砂ではなく炭化水素でできているようなのである。

エウロパやエンケラドゥスよりむしろ、タイタンこそ、そこまで寒冷でなければ、太陽系のなかで地球外生命を探すのに最も有望な場所だろう。タイタンの表面温度では、どの細胞にも見られるリン脂質――細胞膜を構成する化合物――や水は、カチカチに凍ってしまう。そのため、タイタンの表面で生まれた生命は、地球にいる生命を構成するものとはまったく違う物質でできていなければならない。それに、水に頼りはしないだろう。水は利用できない状態に固定されているからだ。それでも生命は、表面にある液体の炭化水素の湖から、表面下の相当深い場所まで、幅広い特異な環境に生息しているかもしれないし、エウロパやエンケラドゥスの海に似た、水とアンモニアの深海にさえ、存在する可能性がある。すると、存在しうる生物圏の体積は、地球の場合の二倍にもなる。

しかし、タイタンの液体の化学組成はまったく異質なので、そこに棲む生命がどんなものなのかについては臆測しかできず、その点で、そこに似た世界は地球にほとんどない。炭化水素の湖は、タイタンの生命とハビタブルな環境を探るうえで、重要なターゲットとなる。それに似た場所として最もよく知られているのは、トリニダード島のピッチ湖だ。これは、はるかに小さなタイプではあるが、タイタンにあるのと同じ、天然の液体の炭化水素からなる湖である。ここにはユニークな極限環境微生物の群集が見つかっており、酸素なしで生きる古細菌や細菌などがいる。カリフォルニアのアスファルト湖ランチョ・ラ・ブレア・タールピットにある天然のアスファルトと土の泉やアラスカの油田の油層も、タイタンに似たハビタブルな場所かもしれない。違いはたくさんあるが、タイタンの生物の母胎となりそうな環境条件や有機化学的組成は、理論上、地球で生命を始動させたと考えられるものに似た化学進化を十分に起こしてくれる。そのため、科学者はタイタンに大いに胸をときめかせている。

今後について

地球外生命を探している多くの科学者は、そうした生物の姿について、大衆文化のエイリアンとはまるで異なるものを思い描いている。彼らは灰色や緑の小人を探したり、その実在を期待したり

しておらず、むしろ、単純な極限環境微生物や、アミノ酸などの有機化合物や、過去の生命の存在をほのめかす生物痕跡を見つける可能性のほうが高い。地球上の極限環境生物や、それが耐えられる環境条件をよく知るほど、別世界、とくに太陽系の外惑星の衛星に、生命がいる可能性は高まるのだ。

Chapter 09

怪物、獲物、友だち——SF小説のエイリアン

イアン・スチュアート（数学者）

Monsters, Victims, Friends: Aliens in Science Fiction Writing

Ian Stewart

もし私たちしかいなかったら、宇宙《スペース》がずいぶんもったいないんじゃないかな。

——カール・セーガン『コンタクト』

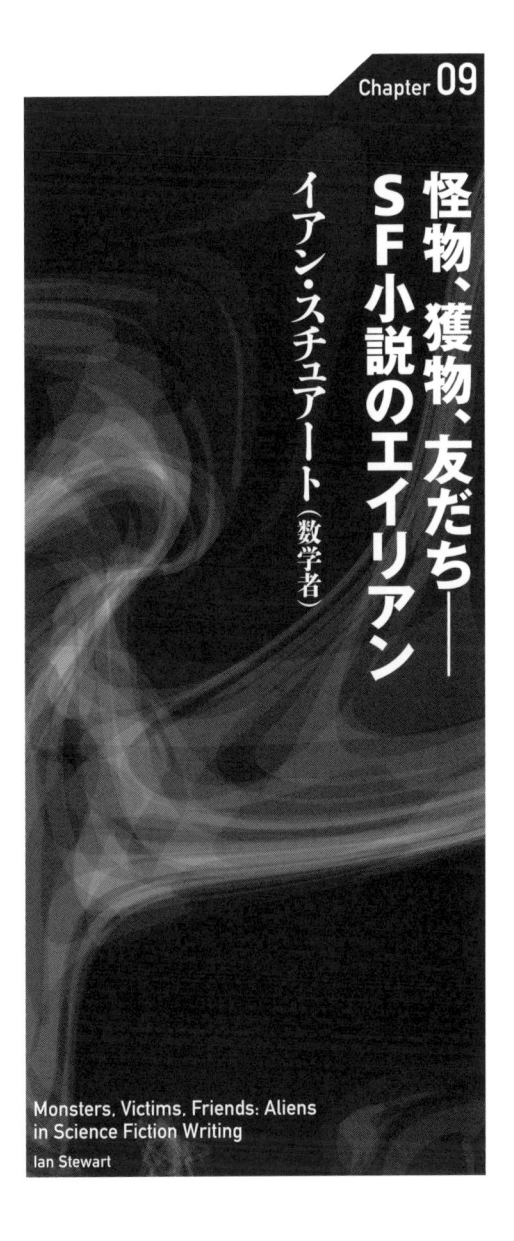

「ケアルは延々とうろつきまわった。……ぎざぎざの黒い岩と、黒い生命《いのち》なき平原が、彼のまわりで形をとる。ほの赤い太陽が、奇怪な地平線の上に顔をのぞかせた。……彼の立派な前脚がぶるっと震えて引きつると、剃刀《かみそり》のように鋭い鉤爪《かぎづめ》が反り返った。肩から生えた太い触手が、ピンと立ったまま静かに揺れる。彼は大きな猫の顔を左右にひねりながら、両耳をかたどる細い巻き毛を激しく震わせて、気まぐれな風やエーテルの脈動を丹念に調べ上げた。」

「反応はない。複雑な神経系をすばやく走るチクチクした痛みはなく、この荒涼たる惑星で唯一の食料源となるイド（特殊原形質）生物の存在は、どこにも感じられなかった。絶望したケアルはしゃがみこむ。巨大な猫のような姿が、薄暗い、赤みがかった空の輪郭を背景に浮かび上がった。影の世界に佇《たたず》む黒い虎を描いた、歪んだ銅版画のように」

これだけの文で、A・E・ヴァン・ヴォークトは、異星の世界と、異星の怪物と、不穏な圧迫感を伝える。この「黒い破壊者」は、一九三九年七月、『アスタウンディング・サイエンス・フィクション』誌に掲載された〔邦訳は『黒い破壊者　宇宙生命SF傑作選』（中村融編、東京創元社）に所収〕。その後、ダーウィンの航海記をモチーフに話を広げ、『宇宙船ビーグル号の冒険』（沼沢洽治訳、東京創元社、他）という長編小説になった。

エイリアンは単なる文芸上の小道具ではない。たいてい、何かの主張のために存在する。その主張は陳腐かもしれないし（利口／愚か〔どちらかあてはまらないほうを消す〕なので未知のものを恐れる）、とらえがたいものかもしれない（見知らぬ者の態度や習慣がわれわれと同じと考えてはいけない）。政治的かもしれないし（人類の植民地主義や人種差別への批判としてエイリアンを虐待する）、社会的かもしれない（「汚らわしい」エイリアンの通常の行動が、われわれの潔癖主義的傾向を明らかにする。たとえばブライアン・W・オールディスの『暗い光年』（中桐雅夫訳、早川書房）では、エイリアンが共同社会でみずからの排泄物にまみれてのたうっている。それは皮膚に必要な潤滑剤となるからなのだ）。ヴァン・ヴォークトの主張は要するに、狭い専門主義ではなく総合的にとらえる思考を勧めるものだった。彼はこの考えを、情報総合学《ネクシャリズム》とみずから名づけた学問に具体化させ、知識に対する架空のアプローチとしてさらっと説明している。ビーグル号の情報総合学者《ネクシャリスト》は、この新分野に熟達したただひとりの乗組員だが、狭い専門にこだわる仲間たちから冷遇される。仲間たちは、彼の網羅的な科学分野を、漠然として当てにならないものと見なすのだ。しかし、最終的に猫のような獣を打ち負かすのは、情報総合学なのである。

ヴァン・ヴォークトの小説は、エイリアンをテーマとしたSFで、大きなカテゴリーのひとつにしっかり収まっている。「ファーストコンタクト」だ。このカテゴリーの話では、人類とエイリアンが、互いの存在を知りもしない状況で、出会う。話の主眼は、その状況にどう対処するかだ。面

白みは、変わった遭遇の状況をひねり出し、創意に富むエイリアンを考案し、このふたつの要素を掛け合わせることにある。

別の一般的なカテゴリーとして、「エイリアンによる侵略」もある。軍事的な形のファーストコンタクトだ。たいていの場合、彼らはわれわれに気づいているが、われわれは、ワシントンやベルリンや東京の上空に全長一〇キロメートルの宇宙船が浮かび、後方で侵略船団の大軍が待ち構える状況になるまで、彼らに気づかない。そうした物語の元祖はH・G・ウェルズの『宇宙戦争』（中村融訳、東京創元社、他）で、この小説では、火星人が円筒状の宇宙船をロンドン近郊に着陸させる。彼らの外見は恐ろしい。「大きな灰色がかった丸みをおびた体、およそ熊ほどの大きさ（中略）それは濡れた革のようにテラテラと光った。（中略）目の下に口があり、その唇のないへりをわなわなと震わせてあえぎながら、ぽたぽたとよだれをこぼしていた」〔中村融訳〕火星人は、三本脚の戦闘マシンと破壊的な熱線で攻撃する。避難する人の群れが首都を出て海岸へ向かう。そして、火星人は一六本の触手をもつ、生身の脳にすぎず、新鮮な血を取り込んで生きていることがわかる。だが最終的に、人類は火星人の失策に救われる。侵略者は地球の細菌に免疫をもっていなかったのだ。

ときにはわれわれが侵略者となる。典型的な例は、ロバート・A・ハインラインの『宇宙の戦士』（内田昌之訳、早川書房、他）だ。作中では、人類の軍隊が空から降下して異星の種族（「スキニー

（やせっぽち）」や「バグ（虫けら）」といった蔑称で呼ばれている）を皆殺しにする。過激な暴力で、思いやりのかけらもなく、実に楽しげに。この本はハインラインの右翼思想を喧伝《けんでん》する手段となっているようで、かつても今も、多くの人の反感を買っている。だが、皮肉は誤解されやすいものだし、ハインラインが低俗な軍国主義を唱道したり、その不道徳さをさらしたりしていたのかどうかは、すっかりわかってはいない。この作品は、刊行から五〇年以上経った今も議論を呼んでいる。登場するエイリアンは薄っぺらで滑稽な存在として描かれているが、われわれはそれを、殺戮する兵士の目を通してしか見ていないのである。

ときにエイリアンは善良になる。その典型的な物語が、アーサー・C・クラークの『地球幼年期の終わり』（沼沢洽治訳、東京創元社、他）だ。地球の大都市上空に静かに宇宙船を浮かばせながら、オーヴァーロード（最高君主）たちは、姿を見せぬまま人類を平和へ導く。われわれの世界が理想郷になって初めて彼らは姿を現す。黒く、革のような翼と、角《つの》と、先端に鉤のついた尾がある——人類の記憶にある悪魔のイメージだ。われわれはきっぱりとこう言い渡される。「星々は人類のものにはならない」われわれはとても信頼に値しないので、オーヴァーマインドという銀河系種族の集合体に加われないのだ。しかし、オーヴァーロードたちは倫理的に優れた新人類を誕生させ、地球を離れるときにその子どもたちを連れて行く。

「ワイドスクリーン・バロック」なるカテゴリーの作品は、すでに知的生命が満ちあふれた宇宙を舞台とし、確立した——だがえてして脆弱な——政治的秩序のなかに人類がうっかり入り込んで騒動を起こす。デイヴィッド・ブリンの「知性化」シリーズ（『サンダイバー』『スタータイド・ライジング』『知性化戦争』（いずれも酒井昭伸訳、早川書房）のほか、その後の三部作）では、人類が突然、古い種族たちが一〇億年前に「五つの銀河」を分割支配したことを知る。そこには古くからの込み入った序列が存在する。序列は英語でpecking order（そのままでは「つつく順序」の意味）というが、ほぼ文字どおりで、そうした種族のひとつ、残忍で常軌を逸したグーブルーは鳥型なのだ。新しい種族が銀河のクラブに加わるには、主属《パトロン》と呼ばれる既存のメンバーにより、遺伝子改変や技術的介入を通して知性化されるしかない。その見返りとして、知性化された種族はみずからの主属に一〇万年、契約奉仕する。

第四のカテゴリーはもっと単純で、「怪物のエイリアン」だ。この場合、エイリアンの役割は、読者を怖がらせ、ひどい逆境に対する人類の不屈の精神を示してみせることである。あるいはもっと多くの場合、血みどろの過激な暴力を漫然と楽しませる役割を担っている。エイリアンは、いくつかの役割を同時に果たすこともある。ヴァン・ヴォークトの描いたケアルの役割は、ひとつには怪物だが、主に情報総合学のすばらしさを示すことなのだ。

ＳＦのエイリアンは、主に物語の要請によって操られ、つねに科学的リアリズムに従うわけではない。それでまったく問題はない。シェイクスピアも歴史的リアリズムにかんして同じことをしていたし、それで彼の評判や戯曲に傷はついていない。ＳＦ作家のなかには、「影の本」というものを作成する人もいる。それは、よく練られて科学的に矛盾のない設定のことで、物語の奥に広がる背景となるが、読者には具体的に明かされない。ハル・クレメント（本名ハリー・クレメント・スタッブズ）は、異星の世界と社会の全体を精緻に設計することで有名だった。ほかの作家はお構いなしに話を飛躍させたり、話の必要に応じて世界を展開したりして、ときたまへまをしでかすのである。

物語の構成上、人類とエイリアンは相互にやりとりをして話を作っていく必要がある。簡単な手だては、地球に似た世界に棲んでいるか、少なくともそこで生きられるような生物を考案することだ。さらに創意に富むアプローチも試みられている。ジェイムズ・ホワイトの「宇宙病院」シリーズ〔邦訳は一作目の「宇宙病院」が『最初の接触　伊藤典夫翻訳ＳＦ傑作選』（早川書房）に所収〕は、何百種類もの環境を——どんなに極端な暑さや寒さも、どの程度の重力も、どんなタイプの大気も——提供すべく設計された銀河間病院を中心に展開される。そしてあらゆる種族は四文字で分類されている。人類はＤＢＤＧだが、イレンサンという塩素呼吸種族はＰＶＳＪという具合に。ＳＲＴＴに分類されるプリリクラ医師は、エンパス〔感情を読み取る超能力の持ち主〕で、患者の感情を感じ取ることができる。

ＳＦに登場するほとんどのエイリアンは、少数の基本的なカテゴリーに分けられる。知的なヒューマノイドが一般的だ。われわれとは些細な点で違うことが多く、たとえば肌が緑や青だったり、目が大きかったり、背が異常に高かったり、極端な攻撃性や臆病さをもっていたりする。エリック・フランク・ラッセルの軽妙洒脱な小説『特務指令〈ワスプ〉』（伊藤哲訳、早川書房）に出てくるシリウス人は、われわれによく似ている。ただし、顔は紫色で、耳は後ろにべったり押しつけられ、がに股だが。この似かよっていることが筋書きにとって大事で、おかげで地球人のジェームズ・マウリーは、わずかな変装でシリウス人の世界に潜入し、破壊工作をすることができる。これに劣らず一般的なのは、ケアルのように、地球の動物に似ているが、風変わりな付け足しのあるエイリアンだ。猫型、鳥型、トカゲ型、昆虫型といったように。ラリイ・ニーヴンの「リングワールド」シリーズ（とほかの「ノウンスペース」（既知世界）作品群）に登場するクジン人は、虎に似ていて、面倒な状況になると本能的な反応として「鋭い叫び声を上げて飛びかかる」。彼らはシリーズのあいだに変化を遂げ、興味深いことに、攻撃的な本能を抑えこもうとするようになる。

次に風変わりなのは、地球の生物とは大きく違うが、それでも惑星に棲んでいるエイリアンだ。ハル・クレメントの『重力への挑戦』（井上勇訳、東京創元社、他）はその典型となる。惑星メスクリンは、高速で自転する、離心率の高い楕円体であり、その形状を歪ませるほどの遠心力のために、両極の表面重力は地球の七〇〇倍だが、赤道では地球の「たかだか」三倍なので、人類でも数時間は重力に耐えられる。このおかげで、人類とエイリアンが直接コンタクトできる。知的生命であるメスクリン人はムカデに似ていて、その大きな重力のなかで生きられるよう、地面に対し低い姿勢を保っている。地球から来て実施されている銀河探査プロジェクトが、南極付近で故障した重力探査装置を回収すべく、メスクリン人に協力を求める。メスクリン人の冒険によって、クレメントは重力の高い世界の物理学を検討することになり、予想外の結末では、先住生物は人類が考えるよりずっと賢いことも明らかになる！

怪物のエイリアンは、人類の神話がもとになっている場合が多い。神話は、実存的恐怖〔人間の存在や死について考えるときに生じる恐怖〕を心理的に呼び覚ます宝庫だ。古《いにしえ》の文化は、えてして神を、異なる生物のパーツの奇妙な組み合わせとして描いていた。ジャッカルの頭をもつ人間や、人間の顔をもち翼のあるライオンといったように。初期のＳＦ作家はよく、一般的にそれに似たプラグ・アンド・プレイ〔ただつなぎ合わせて動かすということ〕のエイリアン構築をおこなっていた。ケアルは、一部は猫、一部はタコだ。ＳＦ映画では今でもそうしたやり方を一般的に採用している。ハリウッドは書籍より一五年ほど遅れているのだ（第15章参照）。

ハードＳＦ――タイムマシンやワープ航法など、物語を進ませる画期的な技術革新を除き、科学的な正しさが期待されるＳＦ――の巨匠たちは、物理科学には多大な注意を払うが、生物学には手

を抜く傾向がある。それにはもっともな理由がある。生物学の原則を何もあからさまに破らずに、新しい生き物を考え、多種多様な属性——六本の肢《あし》、五つの目、鱗《うろこ》、羽——を与えることができるからだ。一方、新しい化学元素を考えることはできても、その挙動を見積もるのに量子力学の博士号が必要になる。ところが、この柔軟さは見かけ倒しだ。生物学にも制約がある。とりわけ進化の制約が。そしてこの点を、多くの物語が見落としている。ヴァン・ヴォークトは、自分の考えた怪物がどうしてほかの生物から生命力（「イド」）を吸い取る能力を進化させたのかについて、考えをめぐらせなかったように思われる。彼が目指したのは娯楽であって、科学的な妥当性ではなかった。フランク・ハーバートは『デューン　砂の惑星』（酒井昭伸訳、早川書房、他）で、主要登場人物に帝国惑星学者がいながら、砂漠の惑星に巨大なサンドワームがどうしたら存在できるのかについて、納得のいく説明をしていない。H・G・ウェルズは、自著の火星人に地球の細菌が感染しやすいものと想定したが、寄生体と宿主の進化上の深い関係については考えず、人類の血液が別世界から来た生物の栄養源となりうるかどうかも問うていなかった。

しかし、最近では生物学的にリアルなテーマが増えてきている。ラリイ・ニーヴン、ジェリー・パーネル、スティーヴン・バーンズの共著『アヴァロンの闇』（浅井修訳、東京創元社）は、生態学に根差している。作中で、人類はくじら座タウ星第四惑星に入植し、惑星をアヴァロンと名づける。入植者たちはキャメロットという小さな島に拠点を置き、温和に見える現地の生態系を分析調査する。ところが、あるとき子牛が見事に骨をねじ切られて死んでいるのが見つかると、彼らは、コモドオオトカゲにそっくりだが棘《とげ》のついた太い尾をもつ捕食者の存在に気づく。やがて、その怪物は途方もない加速を見せて入植者のひとりを殺す。怪物は、イギリス最古の英雄叙事詩『ベーオウルフ』（忍足欣四郎訳、岩波書店、他）の怪物にちなんでグレンデルと呼ばれるようになる。グレンデルは、酸素の豊富な化学物質「スピード」を体内に貯え、おそろしくすばやい動きの動力源としている。当初、グレンデルは心を持たぬ怪物と見なされているが、続編の『アヴァロンの戦塵』（中原尚哉訳、東京創元社）では、アヴァロンで生まれた第二世代の入植者が怪物の理解を進め、怪物はさらに巧みにふるまうようになる。これらの本の根底に流れるテーマは、生物を生態系のなかで見る必要性だ。種間の相互作用の複雑なネットワークをかき乱すと、思いもかけぬ結果をもたらすことがある。

同じことは、もっと個人的なレベルでも言える。それは、フィリップ・ホセ・ファーマーが一九五二年に『恋人たち』（伊藤典夫訳、早川書房）で探ったテーマだ。これは、『スタートリング・ストーリーズ』誌に発表され、物議を醸した短編小説で、エイリアンの生殖形態を考察している。舞台となる惑星オザゲンには薄緑色のエイリアンが暮らしており、そこで地球人のハル・ヤロウが、ジャネット・ラスティニャクという、どこから見ても人間にそっくりの女性に出会う。ハルは、自

分の社会を支配していたスターチなる宗教に反して、ジャネットと長く情熱的な性的関係を結ぶ。ジャネットはある予防策をするように訴えるが、ハルはひそかにそれを怠って彼女を妊娠させてしまう。そこで初めてハルは、ジャネットが人間ではなく、擬態した異星の寄生生物であることに気づくが、時すでに遅し。ジャネットの種族の生殖では、幼生が母体のなかで育ち、内側から母親を食べてしまうのだ。ハルは悲しみのあまり、スターチへの反逆と、地球人に対する惑星オザゲンの反乱を起こすが、どちらも彼の良心の呵責《かしゃく》を和らげてはくれない。性交で子ができるには、擬態は深い生化学的なレベルで働く必要がありそうだが、ファーマーは生物学的基盤にある程度着目している。

SFにおけるセックスは、一九五二年には多くの人に忌避されていたが、一九七九年までには、エイリアンの性的習性の推測が主流のテーマとなっていた。ジョン・ヴァーリイの三部作『ティーターン』（深町真理子訳、東京創元社）、『ウィザード』（小野田和子訳、東京創元社）、『デーモン』（邦訳なし）は、土星を周回する巨大な車輪形の人工物のなかが舞台で、そこには果てしなく多様な見知らぬ生物が満ちている。そのなかにティーターンというケンタウルス（ギリシャ神話に登場する半人半馬の怪物）に似た生物がいるが、特異なのは、上半身の人間にも下半身の馬にも、きちんと働く生殖器がある点だ。このおかげでティーターンは、とくに集団セックスの場合、上半身の女、下半身の女、上半身の男、下半身の男の組み合わせによって、古代インドの性愛教典『カーマ・スートラ』（岩本裕訳、平凡社、他）をはるかに凌ぐバラエティの体位で結合ができる。

最高に創意に富むエイリアンは、まったくもって奇妙だ。ヴァーナー・ヴィンジの『遠き神々の炎』（中原尚哉訳、東京創元社）では、犬型の複数個体からなる集合知性体が登場する。個体の首は細長く、頭はネズミに似ている。小さな群れで活動し、その群れがたいていひとつの実体のように振る舞う。ひとつひとつの個体が鼓膜をもち、それが思考を直接音波に変換し、群れの仲間に伝える。ここでヴィンジは、超能力に見えるものを導入し、それを正統な物理学で説明することによって、読者に想像力を駆使させる。彼はまた、エイリアンがわれわれとはまるで違う能力をもっていても不思議はないことに気づかせてくれる。

ラリイ・ニーヴンの小説に出てくるアウトサイダー人は、冷たい真空の宇宙空間で生きて栄える。体内に液体ヘリウムをもち、体の一方を太陽光へ、もう一方を影へ向けて寝そべることで、熱電変換によってエネルギーを得ている。そして極《きょく》低温の小さな世界で進化を遂げたとされ、じっさい、地球政府から海王星の衛星ネレイドを借り受けていた。彼らは銀河の情報販売員で、とくに超光速恒星間輸送システムが専門だ。彼らは商業倫理をもたないので、価格が妥当なら、だれにでも何でも売る。

アーサー・C・クラークの短編「太陽の中から」（邦訳は『天の向こう側』（山高昭訳、早川書房）に

所収〕で語られるのは、太陽から、現在ならコロナ質量放出と呼ぶべきものによって吐き出される、大規模なガスのジェットだ。クラークはそれを「一〇〇〇万個の水素爆弾の爆発」と表現する。この話で大事な点は、観測する人間たちが次第に、大量のガスのコアが、何か奇妙なやり方で「生きている」のに気づいたところにある。

『竜の卵』（山高昭訳、早川書房）でロバート・L・フォワードは、中性子星の表面で生きる「チーラ」という生物を描いてクレメントを凌いでいる。中性子星はほぼ完全に中性子で構成されており、大きな恒星がみずからの重力でつぶれながら、ブラックホールになるための臨界質量まではないときにできる天体だ。半径が約一〇キロメートル、質量は太陽の二倍だ。フォワードの奇想天外なエイリアンは、必ずしも確実ではないが、中性子星の物理学を探る手段を与えてくれる。たとえば、話の筋書きの必要から、チーラは人類の約一〇〇万倍という猛烈なペースで生きる。理由は、星が一秒間に五回自転しているため、「一日」が地球のおよそ五〇万分の一しかないからだ。フォワードは、この高速の時間的スケールが、星の莫大な重力場によって、表面での時間の進みが遅くなる相対論的効果とどうして矛盾しないのかは説明していない。だが彼は、自分の小説の世界において、このトピックは「まだ専門家のあいだで議論の対象となっている。チーラの生理機構は人類のものとはあまりにも激しく異なっているからだ」と述べている。この時間的スケールのおかげで、チーラの能力は、自分たちを観察している人類の能力を追い越してしまう。生徒はあっという間に先生を超えてしまうのだ。そして太陽のなかに五つのブラックホールを見つけたチーラは、善意から、それがわれわれの恒星を呑み込む前に、人類の理解を超えた技術を用いて取り除いてくれる。

スティーヴン・バクスターは「ジーリー」シリーズで、現代物理学のさらに難解な領域を探っている。ジーリーという種族は、ブラックホールと事象の地平線を用いて（超！）大規模な工学技術を実現しており、それで「閉じた時間的曲線」を作り上げ、時間を操作することができる。彼らはそれを、ダークマターで構成され星々の奥深くで生きているフォーティーノ・バードという種族との大がかりな宇宙戦争で、武器として利用している。人類は、初めはどちらの種族も知らなかったが、打ち捨てられたハイテクの人工物によってジーリーの存在に気づく。人類がこの宇宙で二番目に進んだ種族になると、みずからの生存をほかのあらゆることがらに優先させるよそ者嫌いの信条が、ジーリーとの、時空をまたぐ大規模戦争へと導く。やがて人類は、みずからを改造して多宇宙《マルチバース》における別の宇宙――ほかのどの宇宙とも連絡を断たれたポケット宇宙なので、閉じた時間的曲線による侵入を受けない――に移住する。

シェイクスピアの「アントニーとクレオパトラ」の舞台を見て、ヴィクトリア女王の女官のひとりは「私たちの敬愛する女王陛下の家庭生活とはずいぶん違うわ」と言ったという。バクスターの細部にわたる想像は、科学的に考えられるどんなものもはるかに超えているが、知的生命はどれも

われわれによく似ているにちがいないと考える狭量な宇宙生物学者に対し、良い解毒剤となる。クラークの短編の狙いも同じだった。太陽から噴き出たエイリアンは、電気をエネルギー源としていたが、「パターンのみが重要で、物質そのものはどうでもいい」のだ。

　生物と無生物の境界がぼやけると、思弁的小説《スペキュレイティブ・フィクション》〔現実と異なる世界を推測し、主に理論科学的な探究や哲学的思考に重点を置く小説〕に新たな領域が開けてくる。『大いなる天上の河』（山高昭訳、早川書房）でグレゴリイ・ベンフォードは、人類の暗澹たる未来を描いている。知的だが生物ではない無慈悲なエイリアンとの、決死の戦いだ。機械文明は、ひたすら宇宙から有機生命を排除しようとしている。惑星スノーグレイドに残った人類は、機械生命「メカ」が惑星の周囲に意図的に投入したダスト雲による気候変化を生き延びていたが、いまや部族は邪悪な機械の攻撃をかわすために転々と移動を余儀なくされている。この設定によって、アドレナリン全開のアクションが次々に展開されるだけでなく、主役の人類のひとりが機械の「知覚」——人工の心——をもつとはどんな感じかを経験する羽目になるとき、機械の知性にまつわる深遠な問題を探ることとなる。

　著者が根底にあるテーマを展開するうちに、シリーズで作品の性格が変わることもある。オースン・スコット・カードの『エンダーのゲーム』（田中一江訳、早川書房、他）では、アンドルー（エンダー）・ウィッギンが、自分は手の込んだコンピュータ・ゲームをしていると思い込まされたまま、侵攻してくるハチ型異星人バガーを打ち負かし、彼らの故郷も滅ぼす。真実を知ったエンダーは、自分がゼノサイド（異種生物の殺戮）をおこなっていた事実にぞっとする。続編の『死者の代弁者』（中原尚哉訳、早川書房、他）で、エンダーはバガーの巣の女王の蛹《さなぎ》を見つけ、完全に絶滅していなかったことに気づく。そして罪滅ぼしのために、彼は放浪する「死者の代弁者」となり、死者の物語を述べ伝える。ほとんどの人に人類への裏切りと思われるようなことだが、エンダーはこっそり蛹を持ち出し、巣の女王がバガー種族を再興するのに適した世界を探す。こうして、かなり一般的な撃ち合いの宇宙戦争で始まったシリーズは、はるかに深い感情と倫理のレベルへ移行する。

一見したところ、異星の生物や文明にかんするSFのストーリーは、未来のカウボーイとインディアンの話にすぎず、ただハードウェアがコルト45や弓矢より趣向を凝らしたものになっているように思われる。だが、ここまで語った話からわかるように、よくできたSFでエイリアンが主に果たしている役割は、われわれを人たらしめるものを探る、創意に富む手だてを新たに提供することだ。エイリアンは、われわれが乗り越えるべき問題を提示し、われわれ自身の欠点や弱点を検討するための鏡となる。エイリアンの扱い方や、彼らの存在に対する反応の仕方は、われわれ自身について多くのことを明らかにしてくれる。

われわれはすでにエイリアンに会っており、それはわれわれなのである。

第III部

われわれの知る生命

LIFE AS WE KNOW IT

Chapter 10

ランダムさと複雑さ――生命の化学反応

アンドレア・セラ（無機合成化学者）

Randomness versus Complexity: The Chemistry of Life

Andrea Sella

われわれの惑星以外にエイリアンが存在しうるかという疑問について考えるとき、なにより明確にすべき重要な問題のひとつは、生命の化学反応がどれだけ多芸かというものだ。化学反応は複数の粒子のランダムな動きにすぎないと考えたくなるが、のちほどわかるように、それは決して事実ではない。むしろ、化学反応は、われわれ自身の起源とほかの惑星における生命の可能性を知るヒントを与えるような形で、複雑さと秩序へ向かいやすい。このあと私は、ほかに次のような多くの疑問を取り上げる。生命は炭素ベースでなければならないのか？　生命に水は必要なのか？　同じぐらい良い仕事をする元素や化合物はほかにあるのか？　化学反応から生物になるのに必要な魔法の火花が何かあるのだろうか？

一八七一年にチャールズ・ダーウィンは、友人のジョーゼフ・ドルトン・フッカーに宛てた手紙で、地球の生命が「……種々のアンモニアやリン酸塩のある、どこかの温かい小さな水たまり」で生まれた可能性について考えをめぐらせている。その考えが浮かんだのは、生命の自然発生の可能性をめぐって激論が交わされていたときだった。一方では、ルイ・パストゥールが、生命は密閉されたフラスコのなかでは生じないことを示していた。ところが一部の科学者は、パストゥールの実験が不適切だと主張した。生命の化合物が現れるのに必要な時間的スケールは、彼の実験の期間よりはるかに長いと言ったのである。

生命がどのように誕生したとしても、化学的な構成要素がなぜか組み合わさって「生命の分子」を作り出したのであり、あらゆる生物は高度に複雑な化学的システムにすぎないと――ややダーウィンやその時代の人々とある程度同じように――考える必要がある。この考えは、一五〇年ほど前とまったく同じように、今も多くの人に嫌がられている。そうした人は、生命はただ偶然の過程

で生じたにしてはあまりにも複雑だ――あまりにも巧みにできている――と言うのである。

ひょっとしたら、この嫌悪感は、偶然やランダムさの概念が、分子の世界についてのわれわれの考えに深く浸透しすぎていることによるのかもしれない。学校でわれわれは、物質の明確な形をもたないかたまり（粒子）が個々に気体や液体や固体で踊りまわるという、物質の粒子説を教わる。だが、分子の世界を単に「ランダム」なものと考えると、化学反応の土台となる根本的な概念をいくつか誤解してしまう。

ダーウィンが自然選択による進化の証拠を詳しく調べていたころ、一九世紀のもうひとりの科学の巨人、オーストリアのルートヴィヒ・ボルツマンは、物質の一般的性質――粘性など――と、限りなく小さなスケールではあらゆるものが結局は原子という基本的な構成要素でできているとする考えとを結びつける理論に取り組んでいた。そのころ、同じ時代の多くの人は、原子や分子が存在するという概念そのものがばかげていると思っていた。それでもボルツマンは、みずからの考えを熱力学で発展させ、気体の圧力や温度や体積といった概念を、構成する原子や分子の運動や衝突に結びつけた。彼の知見は、化学反応の仕組みの理解に大きな影響を及ぼした。ボルツマンの教え子のひとりだったスウェーデンの化学者スヴァンテ・アレニウスは、化学反応の起こる速度が温度に依存することを見出した。アレニウスが明らかにしたこの関係は、化学反応が起こるには、ふたつの分子の衝突が最小の閾値《しきいち》エネルギーを超えていなければならないということを示していた。分子が遅すぎると、ただ跳ね返るだけで何も変化がない。温度を上げるにつれ、閾値エネルギーを超えられるほど速く動く分子の割合が増え、変化する分子の数が増えるので、反応速度が増大することになる。

アレニウスの成果は、化学の考えに革命をもたらした。化学反応はもはや、高地から谷を下って低い平原へ向かう反応経路をもつ「エネルギーの風景」のようなものとして起こると考えられるようになった。その途中で、山道も通るかもしれない。そうした「出っ張り」が、全体の反応速度を抑える障壁となる。一部の分子しか山道の頂上を越えられないからだ。そして、温度とこうした障壁の高さとの関係が、なんらかの温度で反応が起こりうるか否かを決定する。

この話が異星の生命の概念とかけ離れているようだというのなら、ここで説明させてもらおう。ボルツマンとアレニウスの見出した概念は、有益な化学反応――生命につながりうるようなもの――が起こる温度範囲に制約を課している。要するに、ふたりの概念にはゴルディロックス的なシナリオが含まれているのだ。温度が低すぎると、化学反応の速度が非常に遅くなって、なんらかの反応が不可能になり、反対に高すぎると、どの山も越えられるようになって、いっさいの選択性が失われてしまう。やがて、温度がさらに極限まで上がると、あらゆる化学物質は蒸発し、原子にまで分解される。つまり、温度は化学反応の重要な選択因子となり、化学的に可能なものの範囲を、

また結果的に生物として可能なものの範囲についても、決定しているのである。

温度が反応に及ぼす影響は、化学反応を「ランダム」な過程と見なす考えが間違っている理由のひとつにすぎない。もうひとつの理由は、分子の世界が決して明確な形をもたない粒子からなるわけではないからだ。それどころか、原子が結合すると、本来の構造や電子の配置に従って分子になる。たとえば炭素と水素をつなげると、温度が三〇〇〜四〇〇℃に達するまで自然に切れない結合ができる。つまり、強くて安定した結合だ。同時に、きわめて対称的な結合でもある。二個の原子を結びつける電子のペアは、両方の原子に等しく共有されているのだ。

一方、酸素と炭素をくっつけると、同じように強い結合ができるが、今度は電子のペアがまるで違う配置になる。電子がもっぱら酸素原子のほうに存在して極性結合というものを形成し、炭素が電気的にわずかに陽性となり（電子が離れるから）、酸素はわずかに陰性となる。そうした極性は、化学ではとてもありふれたものだが、大きな影響をあれこれもたらす。電荷の偏りが大きい分子はかなり「くっつきやすく」なる。そのような分子を二個引き合わせると、静電引力によってくっつきやすくなるのだ。この例は、ランダムに動く「粒子」でごった返しているのが分子の世界だとする見方が、大きく間違っていることをはっきり示している。化学反応は決してランダムなものではない。実のところ、複雑な構造の出現、さらには生命そのものの出現は、こうした微妙な電気的効果によるものであり、その効果は、さらに複雑な構造を生み出すのにも大きな影響を及ぼしている。

それどころか、このように原子が多芸でなければ、生命が進化する見込みはないだろう。地球でも、宇宙のどこかでも。

化学反応が複雑さの出現をうながす

だが、一度にひとつの化学反応しか考慮しない贅沢ができるのは、化学実験室という管理された箱のなかだけだ。ダーウィンの小さな水たまりでは、何十もの物質同士がまちまちの速度で反応し、多様な生成物を作り出している。

一九五〇年代の終わり、ロシアの生化学者ボリス・ベロウソフが、一見したところ単純なのに奇異な振る舞いをする混合物の一群に出くわした。混ぜ合わせると色が変わり、黄色と無色を交互に繰り返したのだ。これは本当にふたつの状態を行き来しているのだろうか？　こうした反応が、最初の物質から生成物へ向かっては元に戻るのを繰り返しているという考えは、ばかげたものに思われた。それどころか、ベロウソフは仲間の科学者たちから詐欺師や夢想家だと攻め立てられた。スキー板が「心変わりして」斜面を逆戻りすることがないのと同じで、化学反応が逆戻りすることはない、と嘲笑《あざわら》われたのだ。なにしろ、化学反応は「エネルギーの風景」のなかを、より低い状態に

ある安定した生成物へ向かう経路をたどるのだからというわけだった。逆戻りするには、熱力学の法則を破らなければならない。

ところが、ベロウソフが出くわしたのは、化学反応ではなく、化学的な生態系なのだった。分子ができてから、化学的なフィードバックによる調整としてその分子が消えるような生態系だ。このプロセスによって、化学「種《しゅ》」〔元素や化合物など、固有の物理的・化学的性質によって他と区別できる実体のこと〕の濃度が振動する。ちょうど、アフリカのセレンゲティ平原でライオンやヌーの個体数が増減するように。

ほぼ同じころ、数学者のアラン・チューリングが、ベロウソフの成果を知らずに、このような仮定上の系をかき混ぜずに放置すると、化学反応と拡散（移動する分子のランダムウォーク〔千鳥足〕）速度の相互作用によって、パターンや構造が生まれることを理論化した。過去七〇年に及ぶ研究で、そんな系から、熱帯魚やシマウマや三毛猫の模様に似たパターンが自然に生まれることが実証されている。そうしたパターンは、化学反応そのものから自然にできあがるものなのだ。化学物質が次第に結合してますます複雑な組織にまとまるだけでなく、この現象は、生命の可能性が予測される何十億もの惑星で繰り返されることが予想できる。必要なのは、移動する分子をエネルギーの「高地」へ上げつづけるために、近くの恒星から絶えず流れ込むエネルギーだけだ。

水の不思議

塩水を用意して水を蒸発させれば、塩が結晶化して、ひとりでに美しいブロック状の構造ができる。それはデザインのようにも見えるが、単に帯電したナトリウムと塩素のイオンが最も低いエネルギーの状態をとり、そのため最も安定した配置をとっているだけだ。複雑な分子からなる結晶の場合、構造を推測することはひどく込み入った仕事になるが、最終的な配置はつねに、分子がもつ異なる電荷同士の引力や斥力を最小にするように決定される。そして、脂肪のように非常に大きな有機分子など、さらに複雑な構造を考えると、いっそう興味深い配置が生じうることがわかる。それどころか、先述のエネルギー最小化のプロセスは、生体に見られるものに一見不気味なほどよく似た秩序立った構造や整然とした配置を生み出しうる。

そうした配置の組み立ては、分子そのものの構造だけで決まるのかと思うかもしれない。だがそれでは、この自己組織化を可能にする重要な要素がほかにあるのを忘れている。地球上で生命の生化学反応を生じさせている溶媒、水だ。水はそうした分子が移動する場を与えているだけだと思うだろうか。ところが、水は決して、何もしないただの環境ではないのだ。

水が特異なのは、大きな安定性と、無節操なまでに化学的に結びつく性質を、ほぼ逆説的に併せ

もつおかげだ。矛盾した話に思えたら、それこそ水が奇妙であることのあかしなのである。かたや、H_2O分子の水素原子と酸素原子をつなぐふたつの結合は、単結合としてはほぼ最強と言える。しかしまた、酸素と水素をつなぐ結合にかかわる電子は、ほとんどの時間を酸素原子のそばで過ごし、酸素原子を強く負に帯電させて、水に並外れた「粘性」を与えるという特性ももっている。こうして分子と分子がつながり、強い連結が果てしなく網状に広がる。水の粘性は、さまざまな構造を作り出すという意外な結果ももたらす。説明しよう。水と油を一緒にしても、混ざり合わない。理由は単純ではない。それらを混ぜ合わせるには、水分子の網をこじ開けて油分子を差し込む必要がある。その際、水は個々の油分子を取り囲むカゴを形成しなければならない。このプロセスには大きなエネルギーコストがかかるので、油分子と水分子はたちまち同類同士で集まり、系全体がおなじみの二層に分かれる。

だが今度は、長い親油性の尾部と、極性のある——つまり電荷をもつ——頭部からなる、精子のような形をした分子を作ったとしよう。これが水と相互作用すると、驚くべきことが起こる。極性のある水分子が電荷をもつ頭部のまわりに群がり、尾部は凝集するのだ。このかたまりは、構造を形成する。それは単にミセル——親油性の核を極性のある頭部が囲んだ球体——にもなりうるし、細胞膜に似たシートにもなりうる。そうしたシートが丸まって口を閉じれば、細胞状のもの（小胞）になる。要するに、分子の構造と水の特性の相互作用によって、全体の構造が自然に形成されるのである。

したがって、まさしく水の性質が、タンパク質の折りたたみやDNAらせんの自己組織化から、細胞内の区画形成まで、生物の系に見られる無数の構造の形成をうながすのに不可欠の役目を果たしている。

地球に液体の形で水が存在することは、生命の誕生に欠かせない条件だった。しかし、太陽系にあるほかの惑星や、水でなく別の種類の海があることが知られているタイタンなどの衛星についてはどうだろう? 異星の生命は、ほかの液体のなかでも生まれると考えられるだろうか? 考えられるかもしれない。たとえば液体メタンや液体窒素、さらにはアンモニアの海まで想定できる。だが、そのような海は、なんであれ生まれる生物にきわめて厳しい制約を課すだろう。まず、そうした液体を構成する分子は、水よりはるかに「粘性」が低い。水は、電荷の偏り(粘性)が非常に大きいため、分子のサイズや複雑さが似ているほかの物質に比べ、数十度から数百度も高い温度で融解・沸騰する。圧力をかけなければ、窒素やメタンはマイナス二〇〇~マイナス一六〇℃あたりで沸騰し、やや粘性の高いアンモニアでもマイナス四〇℃付近で沸騰する。つまり、とても冷たいときにしか液体の状態にならないのだ。そうした極低温では、どんな化学反応もきわめて遅くなる。じっさい、実験室では、液体窒素は化学反応を一時停止させるためによく使われる。非常に脆《もろ》い分

子も、そんな低温では無傷で保てるのだ。生命科学者は、まさに生命のプロセスを一時的に止めておくために、生体分子ばかりか細胞を丸ごとこうした温度で保存している。

生命の素材

生命につながりそうな複雑さをうながすものとして、化学反応という要素があることについては、すでに見た。だが、ほかに要るものはないだろうか？　複雑な生体分子が形成される望みができるために、なくてはならない基本的な素材はあるのだろうか？

一九五二年にミラーとユーリーがおこなった有名な実験では、メタンと二酸化炭素と水を沸騰させ、何週間も火花を放ってできた茶色がかった溶液（原初のマーマイト〔ペースト状で粘り気のある食品の商品名〕のようなもの）から、アミノ酸や単糖類〔それ以上単純な糖に分解できない糖類〕――生命の構成要素――に似たやや複雑な分子があれこれ得られた。一九世紀にも似たような実験が多くなされていたが、ミラーとユーリーは、化学分析の時代である現代に初めてそれをおこなった。ふたりの実験はかなり稚拙だと切り捨てられることも多かったが、それでも人々の心をとらえた。

ならば炭素はどうだろう？　異星の生命も必ず炭素がベースなのかどうかと問うのは、間違った問いかけだ。有機化学と無機化学という概念の登場は、生命と呼ばれるものを無生物に吹き込むのに、何か特別な火花――生気――が必要だと考えられたころにまでさかのぼる。少なくとも科学では、この「生気論」の考えは長いこと嫌われており、有機化学と無機化学という言葉は、今日、われわれの理解の助けになるのと同時に邪魔にもなっている。したがって、炭素は生命の唯一必要な元素ではない。地球上の生命に不可欠だとわかっている四〇ほどの元素のひとつにすぎないのだ。炭素はその長所により、重要さの点で生命のほかのあらゆる元素を上回る。長所とは、水が液体の状態を保つ範囲によって決まる温度領域のなかで、エネルギーや化学的な情報を収める堅牢な貯蔵庫となるだけの安定性をもつ分子をいくつも作る多芸さだ。ところが、二〇世紀から二一世紀にかけて化学が進歩すると、リンやケイ素のような元素も似たような化学的性質をもつことが明らかになった。

異星の生命の化学的証拠

われわれは今後何年かのうちに、生命がいる可能性のある最も近隣の場所にさえ行けそうにないとしたら、どうやって生命を見つけることになるだろう？　どの科学者のグループが、この重要きわまりない発見をする可能性が一番高いだろうか？　電波のおしゃべりを探すのはＳＥＴＩがとっ

ている手段だが、それは選択肢を大きく狭め、生命がラジオやテレビや携帯電話を使っているような場所に限定している。

そうではなく、エイリアンの探索では、化学を魅力的だが地球上に縛られたものから、広大な宇宙を網羅し理解することのできる分野へと変貌させた手段に頼らなければならない。ジェームズ・ラヴロックとカール・セーガンが一九七〇年代に提唱したように、どこかの惑星に生命が出現すれば、大気の組成が確実に変わるだろう。地球でいきなり酸素が生み出されてそうなったように。地球の大気の組成には、水生の光合成生物が広がったことを示すしるしが残っているのである。

一八五九年、ダーウィンが『種の起源』（渡辺政隆訳、光文社、他）を出版した年に、ロベルト・ブンゼンとグスタフ・キルヒホフが太陽光をプリズムに通し、得られたスペクトルの暗線が、金属塩を投げ込んだ高温の炎が発する明るい色とぴったり対応することに気づいた。ふたりは、地球上の化学が、宇宙の組成や振る舞いを知る手がかりになることを証明したのだ。四〇年後、同じ分光分析という手法で、ヘリウムが、地球上で単離される前に太陽で見つかることとなる。

つい最近、宇宙物理学者のジョヴァンナ・ティネッティ（第18章参照）らは、七〇光年ほど先の系外惑星の大気組成について、興味深い分光分析結果を初めて報告した。われわれの太陽系のどこともまったく違う世界が、初めて垣間見えたのだ。われわれがそうした惑星を調べる能力は、新たな望遠鏡がさらに深くのぞき込ませてくれるにしたがい、今後何年かで大いに発展を遂げるだろう。

化学は、われわれが目にするものの理解を助けてくれるのだ。

古代ローマの歴史家、大プリニウスは、アリストテレスを引き合いに出し、「*Ex Africa semper aliquid novi*（新しいものはつねにアフリカから）」と書いている。新しいものはほかの惑星からも期待できる。だが、たとえ異星の生命の証拠を見つけたとしても、地球上の生命をはぐくむのに必要なものを忘れてはならない。われわれを養っている、相互のつながりのネットワークだ。地球上に生命が登場すると、大気の組成が変わり、今日見られる多様な種が生まれるようになった。ところがここ数百年で、ヒトはひとつの種として大気や地殻にみずからの化学的なしるしを刻みはじめている。われわれの生態系が、何十億もあるなかのひとつなのか、この宇宙でただひとつなのかはわからない。しかしわれわれにとって、ここは最適な場所、申し分なく適応した場所だ。故郷と呼ばれる、そのかけがえのない場所をおろそかにしてはならない。

Chapter 11

深海熱水孔の電気的な起源——生命は地球でどのように生まれたか

ニック・レーン（進化生化学者）

Electric Origins in Deep-Sea Vents:
How Life Got Started on Earth

Nick Lane

「定義はできないが、見ればわかる」アメリカ連邦最高裁判事のポッター・スチュアートは、ハードコア・ポルノについてそう言った。いっそう定義しにくい生命そのものについても、彼はそう言っていたかもしれない。たとえば山火事は生きていると考えられるだろうか？　明らかにノーだが、これは「摂食」「成長」「繁殖」といった生命の一般的な基準のいくつかを満たしており、それを言うなら成長する結晶もそうだ。これらが生きていないことは「わかっている」が、排除するための厳密な定義はどうにも思いつけない。反対のことがウイルスにあてはまる。ウイルスは小さな機械に似ており、仕事を果たすように月着陸機に劣らず綿密に設計されている。ウイルスが細胞の機構を乗っ取ってみずからのコピーを何千も作り出すさまは、目的をもっていると言わずにはいられない。設計、目的――これらは深読みされがちな言葉だが、無生物によるものとされることはまずない。ところがウイルスは、自身の代謝をもたない――厳密な意味で無生物と言える――ので、生命を規定する多くの定義から外《はず》れている。

　コンピュータ・プログラムのようにさらに疑わしいケースは脇に置いて、生命は定義しにくいことをあっさり認めよう。それで生命の起源を探るのは困難になるだろうか？　説明しようとしているものや、ほかの惑星の生命を構成していそうなものについて、見解の一致がないとしたら、イエスだ。一方、最初の生きた細胞に至る非常に多くのステップがなだらかに連続している――複雑な分子の系がいきなり生を受けたとはっきり言える時点がない――としたら、ノーである。この連続したステップで最初のほうは、明らかに生きてはいない。では、その後はいったいどうだろう？　あとのステップを手助けするような環境を作ったにちがいない。生命そのものの可能性を秘めた環境――生命の「種《たね》」――だ。地球上の生命から、生命の種《たね》となるものについて何か言えるだろう

か？　言えるとしたら、エイリアンの姿については何が言えるだろう？

思うに、生命の定義の大半が抱える問題は、環境――生命の種《たね》――を考慮していないことだ。

NASAの暫定的な定義を例に取ろう。「ダーウィン進化を起こせる自立した系」だ。自立した？

少なくとも、これは、生命がつねに環境に支えられているという事実にしっかり目を向けていない。

生命へ向かう最初のほうのステップが、手助けする環境を頼りにしていたばかりか、今でもわれわれは、自分たちを支える環境とつながるへその緒を切ることができないのだ。細菌から動植物に至るあらゆる生物と同じく、われわれは、ただ生きつづけるために絶えず呼吸する必要がある。溺れたり窒息したりすることへの強い恐怖は、何秒かを超えて環境から切り離されることへの恐怖だ。ひとにぎりの生物は、代謝をおこなわない胞子を形成し、適切な条件になると生き返ることで、しばらく環境から自分を切り離せるようになったが、それを永久にはできないし、生き返るときもやはり環境と不可分なのである。ここで「生」というのがキーワードになる。生命は「生」を目的としており、生命の起源について考える場合、「生」――環境を積極的に利用して成長の原動力とすること――の起源のほうがはるかに意味深い言葉となる。

すべての生命は、みずからのコピーを作り出すために環境を利用する。私はそれが定義だとは主張しないが、世界の見方として有意義であり、生体細胞だけでなくウイルスも含まれる点で納得がいく。どうしてか？　ウイルスは、非常に豊かな局所的環境を利用する。みずからの複製に必要なエネルギーとメカニズムに満ちた、細胞内という環境だ。ウイルスは、みずからを最小限度にまでそぎ落とすことができる。環境が全部の仕事をしてくれるからだ。一方で植物も環境を利用するが、ごくわずかである。太陽光と水と二酸化炭素は必要だが、ほかはあまり要らない。それほどわずかな要素の環境で生育するのに必要なものをすべて装備するには、きわめて複雑な生化学的メカニズムがなければならない。おおざっぱに言って、環境への依存度が少ないほど、生物は生化学的に複雑になる必要がある。それでも依存していることに変わりはない。植物から光と水を奪えば、あなたや私から酸素を奪うのと同じように、確実に死ぬ。ウイルスと同じく、われわれは皆、環境に寄生しており、つまりはこの活気に満ちた「生きている」惑星に寄生しているのである。

では、生命は具体的にどのように生きているのか？　生き方の数は、生物の数と同じぐらいあるようにも思えるが、細胞の基本的な回路のレベルでは、決してそうではない。それどころか、びっくりすることに地球上のすべての生命は、環境から得られるエネルギーを利用し、生育や生殖をうながすために、まったく同じメカニズムをもっている。生命のバッテリーを充電するのに環境の化学的反応性を用い、細胞の薄い膜の両側に電荷を与えるのだ。この電荷が作用する距離は非常に短い（一〇〇万分の五ミリメートル）ので、あなたが分子一個のサイズに縮んだら、感じる電場の強度は一メートルあたりおよそ三〇〇〇万ボルトになる。これは稲妻に匹敵する。奇妙に思えたり、フ

ランケンシュタインの怪物を彷彿《ほうふつ》とさせさえするかもしれないが、生体膜におけるこの電荷は、DNAや遺伝コードと同じぐらい地球上の生命の主要な要素なのだ。しかしDNAと違い、この普遍的な電荷は、地球上に生命が現れたと考えられる特定の環境を示している。天の川銀河だけでほかに四〇〇億個もの惑星で見つかるかもしれない環境だ。

プロトン駆動力《フォース》とともにあらんことを

あらゆる細胞がある種の電気によって駆動しているという考えは、二〇世紀の科学に最大級の革命をもたらした。それは、イギリスの一風変わった生化学者、ピーター・ミッチェルによって、一九六〇年代初めから数十年かけてたたき上げられた。彼がその時代の仲間たちを怒らせたあまり、この分野は「オクス・フォス（Ox Phos）戦争」（呼吸のメカニズムである「oxidative phosphorylation（酸化的リン酸化）」に由来）という敵意に満ちた争いに陥った。ミッチェルが一九七八年にようやくノーベル賞を受賞すると、彼の発見は「ダーウィン以来、最も直感に反するアイデアであり、アインシュタインやハイゼンベルクやシュレーディンガーのものに匹敵する唯一のアイデア」と称えられた。しかし、本質的にミッチェルのアイデアは単純で、内部と外部の差にかんするほとんど素朴と言っていい疑問に根差していた。

具体的に言えば、ミッチェルは、細菌はどうやって自分の内部を外部の世界と違う状態に保っているのだろうかと考えた。そして、外側の膜をはさんで細胞に分子を能動的に出し入れすることで、そうしていることに気づいた。能動的に出し入れするのにはエネルギーが要り、また出し入れは選択的でもある。特定の分子が認識され、膜を越えて運ばれるのだ。金を払った客だけが川を渡してもらえるのとほぼ同じように。ミッチェルの非凡さは、同じ基本原理が、細菌だけでなく呼吸にもあてはまると気づいたことだった。呼吸には膜が必要なことが知られていたが、その理由は謎に包まれていた。細胞から何かを能動的に汲み出すのにエネルギーが要る（内部と外部のあいだに差を作る）のと同じように、細胞内へ戻すとエネルギーが放出され、内外の差がなくなるとミッチェルは悟ったのである。放出されるエネルギーは、仕事に利用できた。

これが呼吸の仕組みだ。ここでは、プロトン（陽子）が膜を越えて能動的に汲み出される。ご存じかもしれないが、プロトンは水素原子核であり、正電荷をもち、記号はH^+だ。これを細胞から汲み出すと、細胞の内外でプロトン濃度の差が生じるばかりか、プロトンは正電荷をもつので膜をはさんで電荷がたまる。プロトンを外へ押し出すと、外側は内側に比べて電気的に正になる。だからこそ、われわれの生体膜には電荷が広がっている。外へ汲み出されたプロトンは、なんとしても内側へ戻って電荷や濃度の差をなくしたがる。ミッチェルはこれをプロトン駆動力と呼んだ。生命の

最も基本的な力だ。われわれの細胞の発電所、ミトコンドリアでは、毎秒一〇〇億個の一兆倍という途方もない数のプロトンが、膜を越えて押し出されている——知られているこの宇宙に存在する星の数ほどだ。グラムあたりでは、細菌はさらに多くのプロトンを汲み出している。地球上のどの生物も、同じ電気的な力場、プロトン駆動力によって活動している。その力は、どの生命でも、いつでも絶えず働き、世代を超えて生の炎——四〇億年前に地球で生命が活動を始めてからやむことのないプロトンの流れ——を受け渡している。

では、こうしたすべてのプロトンを汲み出し、こうしたすべての生命の力を保つためのエネルギーは、どこから得られるのだろう？　われわれの場合、酸素のなかで食物を燃やすことで得ている。すなわち呼吸だ。われわれは食物から電子を奪い、同じ生体膜のなかで次々と運び手を変えてそれを手渡していき、ついには、そのためだけに個々の細胞の奥深くにまで取り込んだ酸素とくっつける。酸素まで届くこの電子の流れ——プロトンによるものとは別の電流——が、膜を越えてプロトンを押し出す原動力となっている。呼吸が止まれば、電子の流れも止まる。するとプロトンを汲み出す力がなくなり、それで終わりだ。プロトン駆動力の喪失が、死の定義としてこれ以上ないものとなる。生命の起源をわれわれ自身の生に結びつけてくれた、電子とプロトンの不断の流れが、われわれの死とともに消え失せるのだ。

ほとんどの細菌は、プロトン駆動力を生み出すのに酸素や食物を必要としない——ほかのガスや、さらには岩石さえも使って、力場を強化できるのだ。遺伝子を調べれば、この力場の起源を、全生命の「最後の共通祖先（Last Universal Common Ancestor）」――愛着を込めてＬＵＣＡと呼ばれる――にまでさかのぼることができる。ＬＵＣＡは、生命の起源に直結してはいない。すでに遺伝子とタンパク質をもつ細胞なので、かなり複雑だからだ――明らかに生きているのである。それでも、ＬＵＣＡは生命の歴史できわめて早い段階のものであり、その時点でもうプロトン駆動力によって活動していたとしたら、その力はさらに早い段階に、ひょっとしたら無生物と生物のあいまいな境目で生じていたにちがいない。しかし現代の生物の呼吸は実に複雑なので、この考えをかき消してしまう。だからほとんど目を向けられていなかったのだ。ところが、ＬＵＣＡの興味深い構成について明らかにするほど、ＬＵＣＡは原初の電気的な力の存在を示していることがわかる――しかも、地球上だけでなく、まさに宇宙全体にわたり。

ＬＵＣＡを探る

生命の三大ドメインというのを聞いたことがあるだろうか。真核生物（植物、動物、菌類といった、大型の複雑な細胞をもつすべての生物）と、細菌と、古細菌（細菌と同じように見えるが、遺伝的特質や生

化学的機構が大きく違う）だ。そしていまや、真核生物――われわれ自身のタイプの細胞――は、実は細菌と古細菌から、両者の細胞の突拍子もない相互作用によって作り上げられたことがわかっている。これはとても興味深い事実だが、ここで語る話とはまるで関係ない。真核生物の誕生はLUCAの二〇億年後で、生命の起源とは無縁なのだ。近年、生命の初期のドメインは細菌と古細菌のふたつしかなかったという証拠が十分に明らかになっている。両者は、小さな単細胞生物からなる、遺伝子の異なるグループで、生化学的機構はすばらしく高度だが、形態は複雑になっていない。

細菌や古細菌に詳しくなければ、退屈で原始的なものだと誤解してしまうかもしれない。だがとんでもない。彼らは地球で生命最初の三〇億年を支配し、自分たちのなかで、光合成や窒素固定から呼吸まで、基本となる生化学的機構のほとんどを編み出した。今日でも、われわれはそれらなくして生きられない。だが、ここでなにより重要なのは、ふたつのドメインの詳細な生化学的機構を比べて、両者の共通祖先――LUCA――がどのようなものだったかについて解明に挑めるということだ。たとえば、細菌と古細菌はどちらも遺伝物質として、タンパク質の構成要素（アミノ酸）の配列をコードするDNA（デオキシリボ核酸）を利用している。このコードはどちらのドメインでもまったく同じで、「普遍的遺伝コード」と呼ばれる。LUCAは、すでにこの遺伝コードとDNAとタンパク質をもっていたと推定できる。

ＬＵＣＡはほかに何をもっていただろうか？　独立栄養生物だったことはほぼ確実に言える。つまり、生育に必要なものはすべて、岩石やガスに含まれる無機物から得ており、有機物を「食べて」得ていたのではないのだ。とくに、最初期の細菌や古細菌は、水素と二酸化炭素というガスを生育の原動力にしていたようだ。きっとＬＵＣＡもそうしていたにちがいない。ＬＵＣＡが光合成をしていなかった（太陽に頼っていなかった）ことは、ある程度確かに言える。その高度な能力は細菌にだけ見られ、古細菌には見つからないからだ。しかし、水素と二酸化炭素は簡単には反応しない。ＬＵＣＡは、その反応にプロトン駆動力――みずからの生体膜の電荷――を利用し、天然の反応を加速する触媒となるような、鉄と硫黄からなる鉱物の構造の助けも借りていたようだ。こうした特徴は細菌にも古細菌にも見られるので、きっと両者の共通祖先であるＬＵＣＡにもあったにちがいない。

だが、このふたつのドメインでまさに最も興味深い事実は、それらがほかのいくつかの点でいかに異なっているかということかもしれない。ＬＵＣＡは、二酸化炭素と水素の遅い反応を起こすために、みずからの細胞膜の電荷を利用していた――しかし、この非常に重要な膜は、今日の細菌と古細菌ではややこしくも異なっており、電荷を生み出す機構もそうなのだ。

これをどう理解したらいいのだろう？　考えられる方法はいくつかあるが、この問題に取り組ん

でいる者のあいだで見方の一致はほとんどない。それでも、考えられるひとつの説明には説得力がある。あるきわめて特殊な環境での生命の起源を明示しているからだ。LUCAは電荷をもつ膜を利用していたとしても、電荷が環境からタダで与えられていたら、電荷を生み出す機構はなかったかもしれないのである。

電気的な起源

まさにそんな環境、特殊なタイプの熱水噴出孔が、一九八〇年代の終わりにマイク・ラッセルによって初めて提案された。彼は現在、カリフォルニア州のパサデナにあるNASAジェット推進研究所にいる。そうした熱水孔は当時、少なくとも深海では知られていなかったが、一〇年ほどのちの二〇〇〇年、大西洋中央海嶺の近くに、ラッセルの予測したすべての基準と一致した新しい熱水孔が見つかった。「ロスト・シティー」と名づけられたその熱水孔領域は、火山活動ではなく、海洋地殻の岩石と海水との化学反応によってできたものだった。この反応は、台所用の漂白剤に匹敵する強アルカリの熱水流体を生み出し、水素ガスの泡を立たせる。有毒な環境に思えるかもしれないが、水素ガスは、まさに最初期の細菌や古細菌が生育に必要とするものだ。さらにすばらしいことに、ロスト・シティーの熱水孔には、薄い無機物の壁で仕切られた、細孔の巨大な迷路が至るところにあった。細孔は、構造が細胞に似ているだけでなく、仕切りの壁をはさんで電荷をためさえする。これが天然のプロトン駆動力であり、熱水孔に混在する、熱水流体（アルカリ性は専門的には「プロトンが乏しい」ことを意味する）と、それに比べ酸性の（プロトンに富む）海水とのあいだの、プロトン濃度の差によって生じる。

熱水孔の細孔は、最初期の細菌や古細菌と構造がよく似ており、興味深いことに、そうした細菌や古細菌が今もそんな原始的な環境に棲んでいる。唯一の違いは、現在では酸素の存在が、かつて生命を誕生させたかもしれないような化学反応を阻んでいるということだ。しかし四〇億年前、光合成によって酸素の生成が始まる前には、天然のプロトン駆動力が生命を生み出せたのだろうか？この考えは、生命の起源にかんする数十年の研究の流れに照らしてみても、魅力的だ。これまでその研究は、実験室でうまくいく化学反応を対象とするという、いわば実用主義によって推し進められてきた。シアン化物のような高エネルギーの分子から始め、それに紫外線を当てて反応を起こすと、生命の基本的な構成要素の大半が合成できる。これはうまくいくのだが、数十年にわたる研究の末、見えてきた反応プロセスは、実際の生命からわかっているどんなものともひどく異なっている。地球上の生物で、炭素か窒素の供給源としてシアン化物を利用しているものは知られていないし、紫外線をエネルギー源としているものもいない。前生物的な化学反応の研究者によって綿密に

組み上げられてきた反応経路は、実際の細胞に見られる生化学的経路と似ても似つかないのだ。それに、そうした反応でできる分子の希薄なスープから、成長し分裂する細胞状の構造に至るのは、見込み薄なこともわかった。

一方、それと反対のシナリオ――生体細胞が用いる分子と生化学的経路から始めるもの――も、実験室でうまくいかなかった。二酸化炭素と水素は、生命がすべての基礎として使っているのに、かたくなに反応しないままだった。最近まで、細胞自体のメカニズムも実験室で再現できなかった。具体的に言えば、膜の電荷、プロトン駆動力である。いったいどんな仕組みなのだろう？ 最良の手がかりは、確かに細胞そのものにある。デュッセルドルフ大学のビル・マーティンによる、最初期の細胞の詳細な代謝を探った先駆的な研究をきっかけに、現在、世界じゅうでいくつかのチーム（ユニヴァーシティ・カレッジ・ロンドンの私自身も含む）が反応装置を開発し、熱水噴出孔における天然のプロトン駆動力が生命の誕生をうながしたのではないかという考えを検証している。そしていくつか肯定的な結果が得られつつある。天然のプロトン勾配が、実際に水素と二酸化炭素を反応させて単純な有機分子を形成できることをうかがわせる、最初のかすかな手がかりである。だが、それは刺激的ではあるものの、ここで肝心な点ではない。

肝心なのは、そうした考えが、生きている惑星と生きている細胞を結びつけるということだ。前に私は、この種の熱水孔が、岩石と水の化学反応で生み出されていると述べた。その反応性の高い環境は、ひょっとしたら宇宙で最高にありふれた環境のひとつなのかもしれない。反応に関与する岩石はカンラン石で、星間塵《じん》にとりわけ多く含まれている鉱物であり、地球のマントルのかなりの部分を構成している。水もいたるところにある。これらを一緒にしたウェットな岩石惑星では、惑星規模で反応が起こるだろう。われわれの太陽系では、火星（大半の水を失ってはいるが）や、巨大ガス惑星の氷衛星（エンケラドゥス、タイタン、エウロパ）に、こうした反応の徴候が見られる。二酸化炭素も、太陽系でほとんどの惑星の大気にふんだんに存在する。この、生命に必要な「材料リスト」――岩石、水、二酸化炭素――は、このうえなく短くてありふれている。それでもこうした条件が、薄い無機物の障壁をはさんで天然のプロトン勾配をもつ、しかるべきタイプの熱水噴出孔を生み出し、水素と二酸化炭素を反応させて、ウェットな岩石惑星で細胞状の細孔に有機物を作り出すはずなのだ。

地球は特異な存在ではない。天の川銀河に四〇〇億個もあるウェットな岩石惑星で、水素が地中から泡立って二酸化炭素と反応し、その反応は、宇宙の基本粒子である電子とプロトン（陽子）の絶え間ない流れによって突き動かされる。同じ力が働いているのだ。だからわれわれには、生命は見ればわかる。エイリアンも電気的な存在となるからだ。

Chapter 12

量子の飛躍――量子力学が（地球外）生命の秘密を握っているのか？

ジョンジョー・マクファデン（分子遺伝学者）

Quantum Leap: Could Quantum Mechanics Hold the Secret of (Alien) Life?

Johnjoe McFadden

生命の発生はどれほど大変か？

生命は複雑だ。地球上にはおよそ九〇〇万種の生物が知られているが、いまだ知られていない種ははるかに多い。そのどれもが、三〇億年以上にわたる進化が生み出したきわめて複雑な存在だ。

しかし、生物圏はいつでもこれほど複雑だったわけではない。地球史上、初期のある時期には生命がなく、非生物的な化学反応があっただけだ。前章での議論のとおり、化学反応から生命現象への移行を理解するには、非生物的な化学反応を生命と区別する定義について意見を一致させる必要がある。だがあいにく、すべての生物学者や化学者が全面的に合意できるような定義はない。生命の定義にまつわるこの厄介な問題についてはニック・レーンが十分に検討したので、ここで私が詳しく論じるつもりはないが、ほかの惑星で生命が独立に誕生する可能性を探るという観点からすれば、そんな生命の定義を「非生物的な環境で自己複製できる有機体」とすると便利だ。初めに生命が存在しない世界では、非生物的な環境しか利用できないのだから。

この（非生物的な環境での）自己複製体という定義を用いて、こんな問いを投げかけることができる――生命はどこまで単純になれるのか？　われわれの知るかぎり、その答えは今日、マイコプラズマという生物に見つかる。マイコプラズマは、ヒトで一般に肺炎のような感染症を引き起こす小さな細菌である。それでもこれは、決して単純な生命体ではない。最も基本的なマイコプラズマさえ、五〇〇種類近いタンパク質を作る指示を与えるのに十分な数の遺伝子をもっている。マイコプラズマは決まった形のない単細胞生物で、大きさは一〇〇〇分の一ミリにも満たない。それでも、なかにはタンパク質や脂質や炭水化物といった分子が無数に詰まっており、すべてが非常に入り組

んだ制御ネットワークでつながっている。

生体細胞が複雑なのは、自己複製のプロセスそのものが複雑だからだ。知ってのとおり、自己複製は、物を複製するだけのために作られた機械にさえも難しい。現代のテクノロジーは、コピー機や電子計算機から3Dプリンターまで、何かを複製できる装置を山ほどもたらしてきた。だが、このなかにみずからのコピーを作れるものがあるだろうか？　その実現に最も近いのは3Dプリンターにちがいない。この装置は、今ではみずからの部品を出力でき、その部品を組み合わせれば別の3Dプリンターが作れる。しかし、すべての部品がこうして作れるわけではなく、部品を全部組み合わせるには、まだある程度助けが要る。本章を執筆している時点では、われわれが真に自己複製する機械を作り出すまでの道のりはとても遠い。実のところ、技術の進歩でスーパーコンピュータや宇宙ロケット、スマートフォンが作り出されている世界にあって、数十億年も続いてきた泥臭いやり方でしか自己複製する存在を作れないとは、惨めなものだ。あらゆる人間の努力の産物のなかで、ただひとつの自己複製するもの……それはみずからの子どもなのである。

自己複製が難しそうなことは、生命の起源を説明しようとする人々にとって厄介な問題だ。天文学者のフレッド・ホイルは、初期の地球で利用できたランダムな熱力学的プロセスから細菌のような構造が組み上がる確率を考え、竜巻ががらくた置き場を通過して自然にジャンボジェット機が組み上がる偶然にたとえることで、この問題を説明したとしてよく知られている。そんながらくた置き場は地球やどこか遠い惑星にありえたが、なお問題は残る。宇宙は広大ではあるが、偶然だけで複雑な細胞の生命を生み出すほどは広くないように思えるのだ。それなのに、少なくとも一度はそれが起きた。

原始スープ

人間原理をもち出せば、この問題を解決できるかもしれない。人間原理は、「物理法則や化学法則から、地球に固有の条件に至るまで、われわれの宇宙の何もかもがとても細かく調整された結果、われわれを存在させ、みずからの驚くべき存在について考えさせているように見えるのはなぜか」という疑問に答えようとするものだ。ある種の並行宇宙論がもち出されることも多い。それはさまざまな条件をもつほぼ無数の宇宙が存在し、そのほとんどは生命に適していないとする考えだ。しかし、われわれのいる宇宙は生命に適していなければならなかった。そうでなければ、われわれが存在して宇宙について考えることもなかっただろう。ただ、われわれの宇宙のように生命に適した宇宙であっても、生命の誕生は難しいかもしれない。それでも、ポール・デイヴィスがのちほど第13章でもっと丹念に議論するように、一度起きたのなら、二度、三度と宇宙のほかの場所で起きて

もいいではないか？　われわれがそんな「生命が生まれやすい」宇宙に住んでいるとしたら、地球で起こったことは、ほかの惑星でも同じように生命が登場することによって再現されている可能性が高い。これは、エイリアンの存在に対する楽観的シナリオと見なせるだろう。

もうひとつ考えられる可能性は、物理法則や化学法則、さらには重力の強さや電子の電荷といった基本定数の値は、生命が登場するための必要条件ではあるが十分条件ではないというものだ。第14章でマシュー・コッブが書いているように、生命が現れるには地球でさらにサイコロが振られる必要があり、そうして途方もなく珍しい化学構造が生まれたのをきっかけに、地球でのみ生命が登場したのかもしれない。この「生命が生まれにくい」シナリオでは、われわれは宇宙で孤独となりそうだ。

それでは、生命の登場には人間原理のサイコロが幸運な目を二回出す必要があったのか、それとも一回だけで良かったのだろうか？　生命は生まれやすいのか、それとも生まれにくいのか？　マシュー・コッブが指摘するように、すべての生物が単一の祖先に由来するという事実から、地球上の生命はただひとつの起源をもつと言えそうだ。しかし、地球で生命が現れた事例をただひとつ知っているからといって、それ以前に誕生を試みて成功したタイプがあった可能性を排除することはできない。今日、ヒト（ホモ）属はただ一種（ホモ・サピエンス）しかないが、過去にはほかにも多くの種がいて、どれも絶滅している。それと同じように、はるか昔に生まれていた生命が、成功を収めたわれわれの祖先によって駆逐された可能性もある。

楽観的シナリオを支持する主張としては、地球上の生命は生まれうるようになってすぐに登場したというものが考えられる。地球は、およそ四六億年前に誕生したころ、温度が高すぎて液体の水を保持できなかった（第6章でクリス・マッケイが、第10章ではアンドレア・セラが論じたとおり、液体の水は地球上で生命にとって必須の条件であり、ほかの場所でもそうかもしれない）。そのため、およそ三八億年前まで生命を宿すことはできなかった。それでも、このころにできた最初期の岩石から、生命の化学的な証拠が見つかっている。生命が生まれにくく、化学のサイコロで途方もなくありそうもない目を出す必要があるとしたら、しかるべき化学構造がうまくできて生命の登場をもたらすには、何億年どころか何十億年もかかったかもしれない。それでも生命は登場した。しかもかなり早い時期に。これは、いったん生命の条件――液体の水など――が満たされると、生命の誕生が可能になるばかりか、ほぼ確実になるということを示唆している。そうならば、きっとわれわれは「生命が生まれやすい」宇宙に住んでいるにちがいなく、初期の地球と同じような条件が異星の世界でも生じていたとしたら――ありそうな話だ――そうした惑星でも同じぐらい早く生命が登場しているだろう。エイリアンはそこらじゅうにいるはずなのだ。

だが、生命が本当に生まれやすいことの確証を得るには、ホイルが提示したがらくた置き場の問

題を克服する必要がある。どうすれば、化学物質のがらくたをランダムに組み上げて、途方もなく複雑でまったくありそうもない自己複製体ができるのだろう？

いくつかの生体分子が、原始スープのなかで作られた最初の自己複製体の候補に挙がっている。しかし、そのなかで最も単純なものさえ、きわめて複雑な構造をもつ。そのため、自己複製する分子がランダムなプロセスだけから生じる可能性はおそろしく小さく、無視できると推定されてきた。ここで、生命の起源の問題における核心に至る。生命の前身となる化学物質を形成したり、自己複製に必要なステップの一部を実行できる生体分子を突き止めたりするのが難しいわけではない。問題は、そのような自己複製体が、気が遠くなるほどたくさん考えられる構造のなかで、ひとにぎりしか存在しないということなのだ。これは「探索問題」と呼ばれる。「どうやって正しい構造を見つけられるのか――しかも、偶然に？」というものだ。問題は、（基本的に、熱力学や化学の法則に従って、互いに衝突し、相互作用し、結合する原子や分子による）ランダムな探索が、数億年や数十億年であっても、とにかく現実的な期間内で自己複製体を作るのにあまりにも効率が悪いということなのである。

これをもっとわかりやすくする一手は、コンピュータのなかでこの問題を検討することだ。コンピュータでは、複雑で作りにくい化学物質を、デジタル世界の単純な構成要素で置き換えることができる。つまり、1か0（もしくは真か偽、イエスかノー）の値しかとれないビットである。一「バイト」のデータは八ビットからなり、コンピュータのコードでテキストの一文字にあたり、おおよそ遺伝コードの単位に等しいと見なせる。すると、こんな問いかけができる。ありとあらゆるバイトの連なりのうち、コンピュータのなかで自己複製できるものはどれだけありふれているだろう？

この点で、コンピュータは非常に有利となる。自己複製するバイトの連なりは、実はかなりありふれているからだ。それはコンピュータウイルスとして知られている。比較的短いプログラムであり、コンピュータに感染して、中央処理装置（CPU）に大量のコピーを作らせる。すると、コピーされたコンピュータウイルスは電子メールに飛び込んで、友人や同僚のコンピュータに感染する。したがって、コンピュータのメモリーをデジタル版の原始スープのようなものと見なせば、コンピュータウイルスはデジタル版の原始の自己複製体と考えられるのだ。

なにより単純なコンピュータウイルスのひとつであるTinbaは、二〇キロバイトしかない。ほとんどのコンピュータプログラムに比べて非常に短い。しかし、二〇キロバイトはコンピュータのコードとしては非常に短くても、かなり長いデジタル情報の連なりが含まれている。一バイトは八ビットなので、二〇キロバイトは一六万ビットの情報に相当するからだ。すると、ビットをランダムに組み合わせてTinbaができるためには、少なくとも2^{160000}（1のあとに0が三万六〇〇〇個続くほどになる）回試みる必要がある。これは気が遠くなるほど大きな数だ——宇宙にある粒子の

数をはるかに上回り、TinbaがA偶然だけでは生まれえなかったことがわかる。

ひょっとしたら、Tinbaよりも単純な自己複製コードが山ほどありえて、それなら偶然に生じるかもしれない。だが、もしそうなら、インターネットを毎秒流れている途方もない量のコードから、これまでにきっと自然にコンピュータウイルスが生まれているだろう。こうしたコードはどれも、コピーや削除などの基本的な操作をCPUに命じることでウイルスとして働く可能性がある――どれもTinbaの変種となる可能性がある――が、今までだれかのコンピュータに感染したどのコンピュータウイルスにも、人が設計した明らかな痕跡がある。知られているかぎり、日々世界じゅうを駆けめぐっているデジタル情報の奔流から、自然にコンピュータウイルスが生まれたことは一度もない。

量子の原始スープ

ある推測は、正しければ最初の自己複製体がど・う・や・っ・てこれほど早く現れたのかを説明できるかもしれず、科学でとりわけ奇妙だが有力な理論のひとつ、量子力学にもとづいている。確かに、これで説明できるかもしれない。「どうやって」を知るために、まずはこの理論のなかで、通常なら原子や素粒子の世界の振る舞いを記述するのにしか用いない概念をいくつか（手短に済ますと約束するから）見ていく必要がある。興味のある読者は、もっと深く詳細に語る優れた一般科学書がたくさんあるので、どれか参照してほしい（ジム・アル＝カリーリと私が最近、量子力学が生物学で果たせる役割を探った本『量子力学で生命の謎を解く』（水谷淳訳、ＳＢクリエイティブ）もある）。量子力学は、奇妙なことで有名だ。これによれば、粒子は同時にふたつ以上の状態をとることができ、この現象を「重ね合わせ」という。粒子はまた、遠く離れた相手と不気味に結びつく――「もつれ合う」――こともできるし、貫通できない障壁を「トンネル効果」というプロセスであっさり越えることもできる。こうした並外れた力を利用して量子コンピュータのような新技術を構築すべく、奮闘も続いている。

量子コンピュータの真髄は、少数の粒子できわめて難しい問題が解けることにある。量子コンピュータにおいて、従来のコンピュータのビットに相当するものは量子ビットで、キュービットともいう。キュービットでは、粒子がふたつの場所に同時に存在したり、ふたつの値のエネルギーを同時にもったり、さらには同時にふたつの向きに回転したりといった、量子論的な重ね合わせの概念が利用できる。そんなキュービットを量子コンピュータのなかで並べると、0と1からなるすべての配列を同時にとれる究極の並列処理装置となる。

では、これが生物や最初の自己複製体とどう関係しているのだろう？　生命の起源の問題に対し

現在支持を集めている解答は、ＲＮＡワールド仮説というものだ。この仮説によれば、生体細胞は、古くて単純な化学進化の段階から生まれた。すると、最初の自己複製体は細胞ではなく、自己複製する化学物質の分子だったことになる。そしてこの分子は、生体細胞のなかで重要な役割を果たしていることが今ではわかっている、ＲＮＡという基本的なタイプの生体分子に近かったようだ。だれもまだそんな自己複製分子を合成してはいないが、ＲＮＡの大半は、塩基という化学的なユニットが一〇〇個ほど連なってできた比較的単純な構造をしている。

そこで、自己複製の一歩手前という非凡な特性をもつ特異な一〇〇塩基の分子が、四〇億年前の地球で利用できたとおぼしき適切な原始スープのなかにあるとしよう。ここで「適切な」とは、「必要な化学的要素が含まれている」という意味だ。すると、生命の起源で乗り越えるべき課題は、自己複製する細胞を作り出すよりもはるかに簡単になる。自己複製分子の原型――原始自己複製分子――を作りさえすれば、あとは自然選択がより複雑な生命へ進化させてくれるのだ。

ＲＮＡの分子はまるごと一個の細胞よりはるかに単純な構造なので、課題を数学的に検討しやすい。どのＲＮＡ鎖も四種類の塩基からなり、塩基はどんな組み合わせでも並べられる。この分子にある一〇〇個の塩基の場所のそれぞれに、四種類の塩基のどれでも収まりうるのなら、4^{100}通りの構造が存在することになる。これは、1のあとに0が六〇個続くような途方もなく大きな数だ。したがって、どんな適切な原始スープにも、ありとあらゆるＲＮＡ配列のおそらくごく一部があるだけなので、原始自己複製体が含まれている可能性はきわめて低い。生命はまだ生まれにくいのだ。

　量子力学がどう役立つかを知るには、RNA分子の考えられる塩基配列を、0と1の並びや、表か裏のどちらかが出たコインの並びとして考えてみればいい。原始自己複製体は、コインの表と裏からなる固有の配列として表される。ここで、この原初の配列がビットではなくキュービットで構成されていると考えよう。これは見かけほど難しくはない。そうした分子でコードに相当する機能は、水素結合という特定の種類の化学結合にあるからだ。この結合では、本質的にプロトン（陽子）がふたつの原子を結びつけている。したがって、物理学者のペル＝オロフ・レフディンが五〇年以上前に指摘したように、DNAやRNAの遺伝コードは、プロトンの位置という量子コードに相当する。そして重要なことに、プロトンは量子論的な粒子として、あるコードを示す位置（0やコインの表）から別のコードを示す位置（1やコインの裏）へとトンネル効果で移ることができる（これが、古典力学では貫通できない障壁を粒子に抜けさせる、量子の奇妙な特性のひとつであることを思い出そう）。

　このシナリオは生命の起源の問題にあてはめてもいいだろうか？　原始遺伝物質をビットでなくキュービットの連なりと考えてみよう。すると、化学の難しい探索問題が、量子コンピューティングによって解決できるものになるかもしれない。単一の分子を示すキュービットの連なりが、あり

とあらゆる配列の量子論的な重ね合わせとなりうることを思い出してほしい。この途方もない量子論的な重ね合わせのなかで、ごく一部は自己複製体となる特殊な配列なのだ。したがって、ちっぽけな原初の水たまりでも、量子の水たまりなら、自己複製体が含まれていることになる。

もちろん、この量子状態はとても壊れやすく、すぐにただひとつの配列に収縮してしまう。その配列は、ほぼ確実に、自己複製しない分子のものとなる。すると一見したところ、分子構造を古典論的に「作っては壊す」よりも勝る点があるようには思えない。重要なのは、量子の助けを借りずに異なる配列を試すには、分子の結合を壊して組み換えるとても緩慢なプロセスを経る必要があるということだ。しかし、こうして分子の量子状態が収縮すると、各プロトンはほぼ即座に、再びトンネル効果でふたつの位置を重ね合わせる準備を整え、ありとあらゆるコード配列の量子論的な重ね合わせの状態に戻ることができる。ならば量子論的な原始自己複製分子は、自己複製の探索を、量子の世界で絶えず迅速に繰り返せるはずだ。

そのため、系が量子の世界へ戻れるかぎり、量子論的な重ね合わせの状態を作っては壊すプロセスは可逆なものであり、化学結合を古典論的に作っては壊すよりもはるかに速いのである。

さらに、量子のコイントスを終わらせる出来事がひとつある。量子論的な原始自己複製分子が、やがてきわめて特殊でまれな自己複製体の状態に収縮すると、みずからのコピーを作りはじめ、系を古典論的な世界へ不可逆に遷移させる。ここが微妙な点で、量子力学の父ニールス・ボーアは

「不可逆な増幅の行為」と呼んだ。自己複製が始まると量子のコインが不可逆に投げられ、最初の自己複製体が古典論的な世界に生まれるのである。

したがって、量子力学によって、非常に難しい原始自己複製体の探索が、古典論による化学的探索のシナリオよりはるかに効率よくできるかもしれない。量子論的なシナリオがうまくいくためには、原初の生体分子である原始自己複製体が、トンネル効果で粒子を別の位置に移らせることにより、たくさんの種類の構造を探れなければならない。そんな芸当をやってのける分子は知られているだろうか？　答えはイエスだ。生体細胞にある生体分子の電子やプロトンは、比較的ゆるくつなぎとめられているので、トンネル効果で別の位置へ移ることができる。事実、すでに述べたとおり、ＤＮＡやＲＮＡのなかのプロトンもトンネル効果を示す。すると原始自己複製体は、水素結合や弱い電子の結合によってゆるくつなぎとめられているＲＮＡ分子のようなものと考えられるかもしれない。そうした結合のおかげで、粒子は分子構造のなかを自由に動き回れて、何兆通りもありうる配置の重ね合わせの状態を形成できるのだ。

当然ながら、このシナリオには多くの難点があるが、前に語ったとおり、生命の起源に対するどんな説明にも多くの難点がある。量子論による説がもつひとつのメリットは、生命が地球でどうやってこれほど早く誕生したのかを説明できることだ。そして、量子力学が、実際に地球で最初の

自己複製体が生じるという課題をクリアさせていたとしたら、ほかの惑星でも同じ役割を果たさなかったとはとうてい考えられない。もちろん、異星の世界では、大気、海の化学組成、物質循環など、条件に違いがあっただろう。だが、すでに述べたように自己複製は普遍的な課題なわけで、それぞれの世界で条件や資源に合った独自の解決策が必要だったとも考えられる。それでも、複数の解を同時に探れる量子力学の力で、どんな世界だろうと、自己複製体の作り方という課題の答えがはじき出せたはずだ。量子の世界に片足を突っ込んだ地球外生命は、実はわれわれの宇宙でありふれた存在なのかもしれない。

Chapter 13

宇宙の必然——生命の発生はどのぐらい容易なのか?

ポール・C・W・デイヴィス（理論物理学者）

A Cosmic Imperative: How Easy Is It for Life to Get Started?

Paul C. W. Davies

ここ一〇年で、天文学者は多くの系外惑星を発見した。一部の推定では、天の川銀河だけでも地球型の惑星が一〇〇億個も存在するとされている。この推定は、「宇宙にはこんなにもハビタブルな物件があるのだから、生命は普遍的なものにちがいなく、知的生命は比較的珍しいとしても、まれ

なものではないはずだ」という一般の考えを勢いづかせた。しかし、惑星がハビタブルだからといって、そこに生命が居住しているとはかぎらない。惑星は、生命を生んで初めて、生命が居住する場所となるのだ。地球型惑星で生命が誕生するには、必要な物理的・化学的ステップをすべて経る必要がある。だが、そうしたステップがどんなものかがわからないので、どれだけのハビタブルな惑星が実際になんらかの生命を宿しているのかという問いには、まったく答えられない。未知のプロセスの確率は推定できないのだ。それでも、このようにわからないからといって、多くの著名な科学者が、地球に似た条件ですぐに実際に生命が生じるという考えを公言しなくなるわけではなかった。彼らがこうも楽観的である理由はなんなのだろう?

まずは歴史を少しばかり。五〇年前の意見は、今とはまったく違っていた。当時、ほとんどの生物学者は、地球の生命の誕生は珍奇なまでの化学的な偶然で、非常に確率の低い出来事が続く必要があるため、観測可能な宇宙で地球以外のどこであれ繰り返される可能性は低いだろうと考えていた。ノーベル賞生物学者ジャック・モノーは、一九七〇年の名著『偶然と必然』（渡辺格・村上光彦訳、みすず書房）で次のように言明し、当時の風潮をまとめている。「この宇宙は生命を宿しておらず」、そのため「人間はついに、宇宙で孤独な存在であることを知っているのだ」第二次大戦後の偉大な新ダーウィン主義者のひとり、ジョージ・シンプソンは、SETI（地球外知的生命探査）を「歴史を相手にした最も分が悪い賭けだ」と切り捨てている。モノーとシンプソンが悲観的結論を下した根拠は、生命のメカニズムが実に多くの点でとてつもなく複雑なため、偶然の化学反応の結果として一度ならず起こるとは考えにくそうだという事実だった。一九八一年、DNA二重らせん構造の発見者のひとりであるフランシス・クリックも同じ考えで、自著『生命　この宇宙なるもの』（中村桂子訳、新思索社）に「生命誕生のために満たされるべき条件は非常に多いので、現時点では生命の起源はまず奇跡としか思えない」〔中村桂子訳〕と書いている。一九六〇～七〇年代には、知的生命はおろか、どんな地球外生命であっても存在を信じていると表明すれば、科学界で自殺するも同然だった。まだ妖精の存在を信じていると表明するほうがましだったろう。ところが、一九九〇年代までに形勢が逆転する。そのころには、別のノーベル賞生物学者クリスティアン・ド・デューヴが、生命は機会さえあればどこでもひょっこり現れると確信するあまり、それを「宇宙の必然」と呼んでいた。そしてこの考えが大勢を占めるようになっていた。生命は宇宙の必然であり、宇宙は生命であふれ返っているとされたのだ。

　生命はありふれているにちがいないという主張で現在一般的なものは、ふたつある。（1）生命は地球でとても早く現れたので、容易に生じるはずだ。（2）宇宙はとても広大なので、どこかに生命がいるはずだ。しかし、どちらの主張も誤りだ。順に検証していこう。

「ひょっこり現れる」説の誤り

地球外生命探査を長年にわたり支えたカール・セーガンは、かつてこう書いている。「生命の誕生は、非常に確率の高い出来事にちがいない。条件がそろえばすぐに、ひょっこり現れる！」そして、地球に生命が速やかに現れたことが、地球型の条件で生命は容易に生じるという「高確率発生」説と完全に合致していることは、紛れもない事実だ。しかし、宇宙論者のブランドン・カーターが三〇年以上も前に指摘したとおり、生命が速やかに現れたことは、生命の発生がきわめて見込み薄であることとも矛盾しないというのも、そこまで明白ではないが確かに正しい。カーターの主張は要するに、どの地球型惑星にも、主星の寿命によって限られた「ハビタブルな好機の窓」があり、その期間に、生命は生まれて知性をもつレベルまで進化するチャンスがある、というものだ。地球では、この窓が五〇億年ほどのあいだ――今からおよそ三八億年前（地球への小惑星の重爆撃が収まりだしたころ）から、八億年後（太陽がとても熱くなり、地球が不毛のかまどになるころ）まで――開いている。したがって、生命がかなり早くに誕生しないかぎり、知的生命（たとえば人間）は地球でハビタブルな窓が閉じる前に生まれなかっただろうし、そのためわれわれが今この問題を議論してはいなかっただろう。だが、だからといって、実際にそうなる可能性が高かったと言えるかどうかは別問題なのである。

カーターは次のように論じている。考えてみれば、地球に生命が現れて「知的な観測者」（われわれ）へ進化するのにかかる期間が、われわれの太陽がハビタブルな窓として与えてくれている期間とおおよそ同じ（数十億年）であるとは、実に驚くべき偶然の一致だ。そうでなければならない理由などない。双方の時間的スケールのあいだにはまったく関係がないのだから（一方は複雑な生命の進化、他方は恒星の寿命を決定する、核融合と重力の相互作用である）。この「偶然の一致」からは、ふたつの可能性が考えられる。ひとつは、複雑な生命が宇宙のどこかに現れるまでの平均的な期間が、一般に恒星の寿命よりはるかに短い可能性であり、ならば地球外知的生命はありふれているはずだ。もうひとつは、この期間がはるかに長い可能性であり、ならばわれわれは運が良かったわけで、異星の生命はまれにしかいない。

カーターの慎重な推論は、なんらかの結論を引き出すための統計サンプルがひとつしかない（地球のものがわれわれの知る唯一の知的生命なのだから）ことを考慮しなければならないという穿《うが》った見方にもとづいている。彼はまず、ハビタブルな窓が開くと地球の生命は速やかに誕生したと語る。その後、知性を獲得するには、とうてい進みそうにないステップをさらにいくつも踏む必要があった（たとえば、性や多細胞の誕生、中枢神経系の進化などで、どれもめったにない偶然の出来事に思える）。すると、どれかのステップをもっと早く進めて、最初の生体分子からわれわれに至るまでに要した

三五億年ほどという時間を短縮できたようには思えないので、知的生命がこれより早く地球で生まれた可能性はとても低いことになる。

この推論から要するに、やや直感に反するが、地球で生命が速やかに現れたという事実は、無生物から生物への移行がきわめて起こりにくいこと——ほかの条件がすべて同じなら、一般にハビタブルな窓が開いている期間をはるかに上回る時間を要するほどまれな出来事であること——と、統計的に見てまったく矛盾しないと言える。その場合、宇宙でほかのどこかに生命はめったに見つからないだろう。したがって、自信をもって言っていいが、地球で生命が速やかに現れたという事実は、生命が生まれやすいこととも、非常に生まれにくいこととも矛盾しない。サンプル数がひとつなら、どちらなのかは見分けられないのである。

宇宙は広大だという主張

最近のテレビのインタビューで、著名な宇宙論者スティーヴン・ホーキングはこう言った。「私の数学的な脳にとっては、その数だけを見ても、エイリアンの存在を考えるのは完全に理にかなっている」ホーキングは、宇宙の広大さだけで、われわれが孤独でないことはほとんど保証されている、という一般受けする主張を明言していたのだ。そのとおりで、この主張は間違っていないが、微妙に修正する必要がある。当然ながら、無限に広がる（そして均質な）宇宙では、起こりうる出来事は、いくら可能性が低くても確かに起こる（どこかで、それどころか無数の場所で、必ず起こる）。これは、生命のサンプルがもうひとつあるということだけでなく、本章の著者がもうひとりいたり、シェイクスピアがもうひとりいて同じ戯曲を書いていたり、地球がもうひとつあって全人口がそっくりそのままいたりといった、はるかに起こりにくい出来事に対してもあてはまる。ここでの関心の的は、地球以外のどこかに生命が確かに存在することではなく、存在する密度なのだ。たとえば、天の川銀河にある四〇〇〇億の恒星のなかに、生命のいる惑星が少なくともあとひとつ存在する可能性はどれほどだろう？　それこそ、われわれが知りたいことなのである。

　四〇〇〇億というのはめまいがするほど大きな数なので、そんななかで生命が生じる確率は高いように思える。だがちょっと考えれば、この問題で人間の直感がいかにお粗末なものなのかがわかる。生命の誕生には、かなり重要で精密な化学反応が一〇個（間違いなく甘い見積もりだが）、決まった順序で起こる必要があるとしよう。そして、どの化学反応も「ハビタブルな窓」で起こる確率が一〇〇分の一だとすると、一〇個すべてのステップが起こる確率を掛け合わせた結果は、一〇の二〇乗分の一、すなわち〈一兆の一億倍〉分の一となる。すると、天の川銀河に生命のいる惑星がもうひとつ存在する確率は、無視できるほど小さくなる。

「ひょっこり現れる」説と「宇宙は広大」説に対する私の異論はどちらも、無生物から生物へのステップが、明確に定められた確率をもつランダムなプロセスだという前提にもとづいている。もしかすると、これは正しくないのかもしれない。分子のサイコロには、生命に必要な分子構造の形成をうながすような法則や生命原理が仕込まれている可能性はないだろうか？　自然はなぜか生命ができるように仕組まれているとか、生命は物理法則や化学法則に「組み込まれている」といった考え――生物学的決定論と呼ばれることもある――は、あやふやではあるが人気があり、ド・デューヴの「宇宙の必然」の土台をなしている。これを支持するとしたら何が言えるだろう？　物理法則には、「生命」を好ましい状態や行き着く先として選び出す明確な要素はない。物理（および化学）法則は、「生命には目もくれない」――物体の非生物的状態より生物的状態をとくに好むようなことのない、普遍的な法則なのである。だからといって、自然のなかに「生命原理」が存在しないとは言えないが、存在するとしてもまだ明らかにされていない。ひょっとしたら、そんな原理が複雑系理論・情報理論の領域や、自己組織化システムの特性に潜んでいるのかもしれないが、今のところ確たる証拠はない。

ならば、この明らかに魅力的な、宇宙の必然という考えをどうしたら検証できるだろう？　当然考えられる一手は、観測である。生命の誕生が有望で、生命が広く存在するとしたら、われわれは第二の例を見つけられるはずだ。だがどこで見つかるだろう？　一般的な案のひとつは火星だ。火星は現在、いや過去に、そこそこ「地球に似て」いた。しかし、あいにく厄介な問題がある。地球と火星は、小惑星や彗星の衝突によって宇宙に放り出された岩石を交換しているため、岩石に潜む微生物も交換する可能性がある。すると、ふたつの惑星は隔離されていないことになる。どのみち、火星サンプルリターン・ミッション〔サンプルリターンとは採取した試料を持ち帰るという意味〕は、費用がかかるうえに面倒であり、向こう数十年は実現しそうにない。

もっと単純な考えは、地球上で第二の生命発生を探すことだ。地球よりも地球に似た惑星はないのだから、地球のような条件で生命が容易に生じるのなら、きっとこの地球で生命が何度も生まれていたはずだ。では、そうではなかったことはどうしたらわかるだろう？　従来の見方によれば、地球上のあらゆる生命はひとつの共通祖先をもち、その状況は、ダーウィンにならい、一本の木によくたとえられる。これまで詳しく調べられているすべての生命について、互いに密接な関係があることを示す、有力な証拠がある。地球の生物は普遍的な遺伝コードを使っており、どれも情報をたくわえるのに核酸を利用し、構造や酵素の働きのためにタンパク質を利用している。タンパク質は、必ず細胞内のリボソームによって合成される。これほど多くの特徴が、別々の起源から独立に進化を遂げた可能性は低い。むしろ、きっと共通祖先の生物（よくLUCAと呼ばれ、ニック・レーンが第11章で論じている）にあったにちがいなく、「凍りついた偶発的事象」として保持されてきたのだろう。いわゆる極限環境生物――知られているほとんどの生命にとっては致死的な条件で生育できる微生物――さえも同じ生化学的特徴をもち、そこまで特異ではない生物と共通の遺伝子を多く備えている。既知の極限環境生物はすべて、あなたや私と同じ生命の木に配されているのだ。

それでも、地球の生物種の大多数は微生物であり、生物学者は微生物の世界の上っ面を撫でているにすぎない。ほとんどの微生物は、遺伝子の配列決定はおろか、培養したり特徴を明らかにしたりもできていない。現時点で、それらが何なのかはわからない。見た目だけでは、ある微生物が細菌なのか、まったく違う内部構造や生化学的機構をもつ新しい生物なのかは判断できないのだ。微生物をしっかり同定するには、内部の生化学的機構を掘り下げる必要がある。したがって、たとえば土壌や海水のサンプルに含まれる何十億という微生物のなかに、われわれの知らない生命――ときに「異形の生命《ウィアード・ライフ》」と呼ばれ、「ライフ2」ともいう――が存在する可能性も十分にある。また、これまでに採取された微生物がすべて標準的な生命だとしても、最高にたくましい極限環境生物さえ安住できない場所に未調査のニッチ（生息環境）が存在する可能性もある。そうしたニッチに異形の微生物が棲みついているかもしれない。

宇宙生物学者はほかの惑星の異形の生命についてあれこれ考えているが、地球に異形の（すなわち非標準的な）生命が存在する可能性にはほとんど関心が向けられていない。地球における異形の生命の探索は、ふたつのカテゴリーに分けられる。ひとつは、生態上分離されているケースだ。ライフ1とライフ2は、生息域が重なっていない、つまり、温度や圧力などのパラメータが異なる範囲にそれぞれ限定されているのかもしれない。一例として超好熱生物を考えよう。現在、生育環境の上限温度は一二二℃だ。特異な微生物が、深海の火山熱水系で見つかり、たとえば一六〇〜一八〇℃で生育していたら、温度範囲に連続性がないので、従来の生物とは別の生命の候補として有望になる。同じような推論は、高層大気や高原のように紫外線の強い場所、極端に寒い場所（南極や山頂など）、乾燥地（アタカマ砂漠など）、塩分が多いかpHが高い／低い水性環境、汚染のひどい採鉱地、ウラン鉱山や放射性廃棄物の貯蔵所のような高放射線環境にもあてはまる。

　ふたつめのケースとして、異形の微生物が標準的な生命のなかにとくに比較的低密度で混じっている場合には、同定がはるかに難しくなる。この場合、ふたつのアプローチが考えられる。まず、標準的な生命の代謝をなくすか、少なくとも抑えるような粗いフィルターを考案し、それが異形の生命にはなんら影響を及ぼさないことを期待する手がある。すると、異形の生命はやがて圧倒的な割合を占めるようになる。そんなフィルターとして考えられる一例が、既知のあらゆる生命に共通する分子構造に結びつくようにあつらえられたポリマーだ。このポリマーに金属のナノ粒子を詰め込んでレーザーやマイクロ波を照射すると、それを取り込んだ細胞は死ぬが、異形の細胞は無傷で残る。

第二のアプローチは、異形の生命がどんなものかについて経験的推測をおこなうというものだ。合成生物学者は、実験室で新たな生命の創出に挑んでいるので、生物が生きられる別の方法を考えるのに長けてきている。しかし、未知の生命を探すにあたって問題となるのは、何を探せばいいのかわからないことだ。炭素循環やキラル異性（鏡像異性）など、生命の一般的なしるしがあっても、標準的な生命によって覆い隠されてしまう。だが、異形の生命が、標準的な生命は使わない種類のアミノ酸のような、特定の分子を利用している可能性を考えると、その分子を見つける方法が考案できるかもしれない。

明確な一例は、キラル異性だ。標準的な生命は、左手型のアミノ酸と右手型の糖を利用している。ところが、物理法則は有機分子のキラリティー（左手型か右手型か）にはこだわらず、第二の生命発生では反対のキラリティー、つまり右手型のアミノ酸や左手型の糖をもつ生命が生じてもおかしくない。「鏡像の分子」でできた培地は、標準的な生命には消化できないはずだが、「鏡像の」生命の口には合うかもしれないのである。

生命が地球上で一度ならず発生していることが立証できれば、地球型の環境で生命が容易に出現することになり、するとほかの地球型惑星でもきわめて生じやすくなる。生命が地球上で二度生じていながら、ほかのどの地球型惑星でも生じていないという可能性は非常に低い。一方、異形の生命がなじみ深い生命と同じ木にあって、ただ大きく異なるはみ出し者にすぎないとわかれば、この重大な結論を下すことはできない。
地球で別個の起源をもつ異質な生命が影の生物圏を構成していることほど、宇宙生物学にとって重要な発見は想像しがたい。もちろん、そんな生物圏の存在は望み薄だが、現在の科学的知見にもとづけば決して排除できない。地球に現在あるいは過去に影の生物圏があったとしたら、今日多くの宇宙生物学者が、ほとんどあるいはまったく裏づけのないまま考えているように、生命は宇宙全体で多くの地球型惑星に生まれている可能性が非常に高い。地球型惑星はありふれていそうなので、生命は真に宇宙的現象と見なせるのかもしれない。

この視座の違いがもたらす哲学的な影響は計り知れない。生命の例をひとつしか知らないうちは、「生命は気まぐれな局所的異常現象であり、あまりにもありえないので観測可能な宇宙でほかのどこにも生じなかったような、化学的偶然の産物だ」と主張できる。人間はひとりひとり、自分の生に意味を吹き込んでいるとしても、生命は全体として無意味で気まぐれな物理的システムの集合で、宇宙のほんの一部に限られているというわけだ。反対に、生命が「宇宙の必然」であって、無数の場所で多少なりとも自動的に出現するのなら、この宇宙は本質的に生命に好適な物理法則を備えていると言え、そのため生命は、またひょっとしたら心も、普遍的な意味をもつと見なせるのかもしれない。生命や心は、宇宙において偶発的ではなく基本的な現象なのだろうか。そうだとすれば、われわれは真に宇宙に安住できると言えるだろう。

Chapter 14

宇宙のなかの孤独——異星文明はありそうにない

マシュー・コッブ（進化生物学者）

Alone in the Universe:
The Improbability of Alien Civilisations

Matthew Cobb

物理学者のエンリコ・フェルミは、一九五〇年に「みんなどこにいるんだ？」という有名な問いを発したとき、エイリアンについて考える際の根本的な問題を見抜いていた。われわれの天の川銀河だけでも何十億も惑星が存在し、そのごく一部しか地球型でないとしても、生命を宿している可

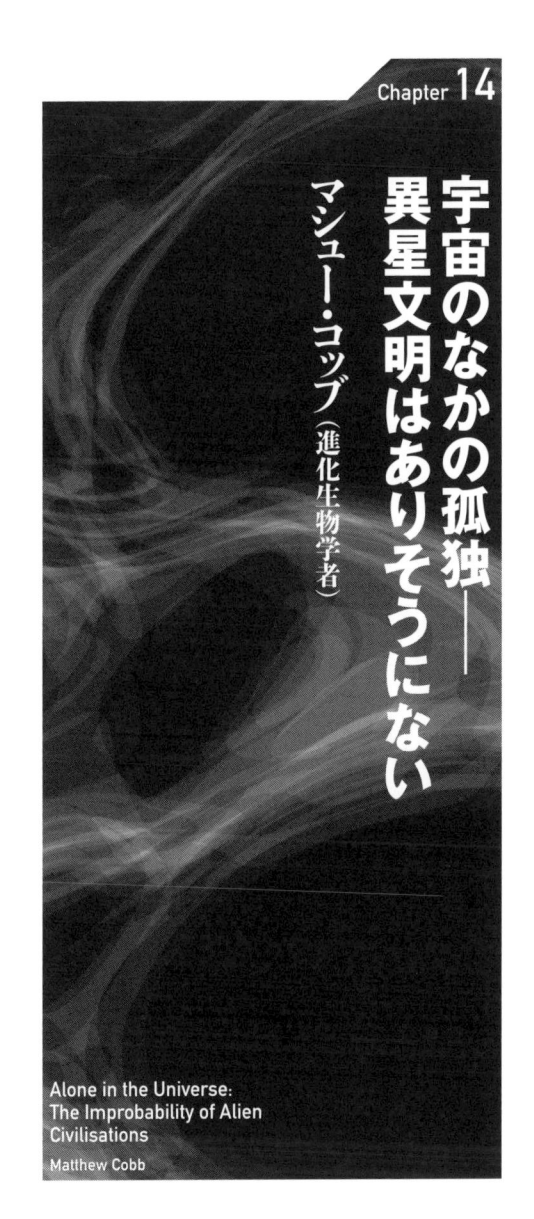

能性のある世界はたくさん残る。それなのに、地球外生命の証拠は見つかっていない。空は静かなままで、宇宙はエイリアンがこしらえた精巧なものであふれておらず、われわれの探査機が訪れた数少ない場所は不毛の地のように見える。

宇宙のどこかに生命がいる見込みを推定する際の根本的な問題は、われわれが自分たち自身というただ一種類しか知らないことだ。フランシス・クリックが指摘したとおり、われわれの知る生命は、物質の流れ、エネルギーの流れ、そして情報の流れを必要とする。この定義に従いながら、われわれとはまったく異なる形態の生命は考えられる――たとえば、細胞をもたないプラズマ生命体や巨大な単細胞生物のほか、二次元世界で生きる生命や並行宇宙に住むエイリアンさえありうる。だが、こうしたわれわれの想像力を超えたどんなものについても、また進化遺伝学者のJ・B・S・ホールデーンが口にした「宇宙はわれわれが考える以上に奇妙などころか、われわれに考えられる以上に奇妙」なのではないかという疑念についても、裏づける証拠はない。

異星の生命は、奇妙であろうがなかろうが、物理法則に従わなければならない。すると、われわれが出会うエイリアンはいくらか見慣れた形態になるとも考えられる――エンケラドゥスの海（あるいは宇宙のどこかの液体）にメートル大のすばやく動く捕食者がいたら、ややサメやイカに似た姿をしているだろう。こうした生物の形が似るのは、収斂《しゅうれん》進化のためだ。液体のなかを進む物理的要請によって、動きの速い生物は流線形になる。だからといって、地球の生命にかんする何もかもが、ほかの場所でも繰り返されるわけではない。
フランク・ドレイクは、みずから提唱した方程式の最初のバージョンで、生命を宿しうる惑星はすべて生命を宿し、生命を宿した惑星はすべて知的生命を生み出すと考えた。地球の生命の現実――われわれが知る唯一の例であること――を鑑みるに、そんな高確率とするのは大きな間違いで、進化の現象を根本的に誤解しているのは明らかだ。

　われわれは、みずからの固有の能力や、それどころか、われわれが存在するという事実そのものによって、自分たちが生まれたのは知能の向上という進化の傾向の表れだとか、宇宙の広大さを考えるとこうした傾向がほかの世界でも繰り返されていると思い込んでしまうことがある。どちらも正しくない。進化に方向性はなく、われわれが意識をもち宇宙へ向かう種族として出現したのは必然ではなかった。あらゆる大進化は、偶発的で予測のつかない環境変化に応じて起こる。こうした変化は生態系を様変わりさせ、新たな発展――多細胞への進化など――の礎《いしずえ》になるが、そんな変化をもたらすおおむね偶発的な出来事がなければ、地球の生命はまったく違うものになっていただろう。

　地球の生命史のキーポイント――われわれがいくらかでも知っているのはこれだけ――を調べると、フェルミのパラドックスに対する答えは、おそらく疑問の出発点から間違いだということにな

る。異星文明など存在しないのだ。

自然発生

自然発生――無生物の要素から生物が出現すること――をもたらす出来事は知られていない。最も有望なシナリオが何かについて、科学的な見解の一致はない。実験による証拠が、やがては競合する仮説のどれかを裏づけるかもしれないが、それはもう少し先のようだ。どうやら生命は、地球の条件が整うとすぐに生まれたらしい。地球は、形成されて数億年後、今日見られるあらゆる形態の生命の祖先となる生物を宿したのである。これは自然発生が比較的容易に起こりうることを示していそうだが、それは論理的な結論とは言えない。自然発生をもたらす条件がわかっていないのだから、どこかでその条件が整う確率を計算することはできないのだ。そんな条件がおそろしく特殊で、整う見込みがなさそうだとわかれば、生命を宿しうる惑星が大量にあったとしても、われわれが唯一存在する生命なのかもしれない。

自然発生が容易なものなら、地球で二度以上起こった形跡がないわけを説明する必要がある。われわれは、DNAが似通っているために既存の生命がすべて共通の祖先をもつことを知っており、これまでに例外は見つかっていないのだ。この謎に対するダーウィンの答えは、新たに現れる生命はどれも定着する前に食べられてしまうのだろうというものだった。これは今あるなかで最良の答えかもしれないが、生命が二度目に地球に現れるだけの時間は三八億年もあったのに、そうはならなかったようなのだ。自然発生が三八億年で一度しか起こらなかったのは、あまりにも可能性が低いからなのだろうか。

自然発生が比較的ありふれた現象だと認めたとしても、そこからほぼ確言できるのは、あちこちの系外惑星の表面に単細胞の生物膜《バイオフィルム》が凝集した、どろどろしたものだらけの宇宙にわれわれが住んでいるということぐらいだ。生命が生まれても、宇宙へ向かう種族が地球に現れるための四条件——真核生物（のちほど定義する）、多細胞、自己認識、文明——はどれもきわめて生じにくく、まったく当てにできなかった。生命の存在を前提としても、決して必然ではなかったのである。この四つのきわめて低い確率を掛け合わせると、われわれは確かに孤独なのだろうと強く言えるのだ！

真核生物の発生

地球上の複雑な多細胞生物はすべて、真核生物というものだ。真核生物は細胞内に複雑な構造体

をもつ。染色体を収めている核、タンパク質を合成する細胞小器官、そしてなによりミトコンドリアだ。ミトコンドリアはエネルギーを生み出す小さな構造体であり、これによって真核細胞は、ミトコンドリアのない細胞より最大で一〇〇万倍も大きくなれ、細胞を組み合わせて多細胞生物になることもできる。ミトコンドリアのない異星の生命——そんな微生物は地球上に何兆もいる——も考えられるが、顕微鏡で見るほどのサイズより大きくなるには、大規模な生体構造に動力を与えるべく莫大なエネルギーを生み出す必要がある。驚いたことに、地球で、自然選択による進化がそんな答えを見出せた形跡はない。四〇億年近くのあいだに、生命は自然選択が出せなかった答えを見つけ出す必要があったのだ。

地球で起こったこと——真核生物の発生として知られる——は、ランダムな変異が生じたのちに、適応度の異なる遺伝形質がふるい分けられた（これが自然選択の本質）結果ではなかった。むしろ、途方もなくありえなさそうな、ただ一度の出来事だったようだ。ふたつの生物が、このうえなく特異なやり方で相互作用する必要があったのだから。

DNAの証拠からは、この出来事は地球の歴史で一度だけ、およそ二〇億年前のあるとき、海のどこかで起こったことがわかる。このときより前、あらゆる生命は、核もミトコンドリアもないちっぽけな微生物だった。それが一変したのは、古細菌という一個の単細胞生物が、細菌という別の単細胞生物を取り込んだときである。きっと、両者の代謝を組み合わせることで新たな栄養源を利用できるようになり、このまったく異なるふたつの生物は強みを手に入れたのだろう。しかし、当初は平等な関係だったとしても、細菌は囚《とら》われの身となり、長大な年月と無数の細胞分裂の果てに、その遺伝子の多くを宿主へ引き渡し、ついには奴隷に成り下がった。化学反応によってエネルギーを生み出し、新たな真核細胞に利用される、単なる分子の発電所――ミトコンドリア――になったのだ。それまでにないエネルギー源を手にして、新たに生まれた真核生物は、自然選択がこの新たな創造物を少しずついじくりだすにつれ、繁栄の道を歩んでいった。

　理論上は、真核生物が現れる確率を計算できるだろうが、すぐにいくら0があっても足りなくなってしまう。理由を説明しよう。現在、地球に生息する単細胞生物の数は、観測可能な宇宙に存在する地球型惑星より多い。過去三八億年のあいだにこの星に生息した単細胞生物の総数となると計り知れないし、それらすべてが互いに触れ合った回数はさらに多い。それなのに、この無数の触れ合いのなかで、異形のハイブリッド（混成体）が生まれたのは一度だけだった。やがて、触れ合った片方がまず囚われの共生体となり、最終的に細胞小器官となって、大きなほうの生物にエネルギーを供給するようになったのだ。

　この異形のハイブリッドがわれわれの祖先だったわけで、その存在――ひいてはわれわれの存在――は途方もなく見込みの薄いものだった。われわれの知るかぎり、そんな出来事は後にも先にもあったためしがない。これがおそろしくまれでまったくの偶発的な出来事だったことがわかっているのなら、宇宙の歴史で、同じようなことがどこかほかの惑星で起きた確証はないのである。

もしかすると、この見方は悲観的すぎるのかもしれない。なにしろ、一〇億年ほど前にどことなく似た出来事が再び起こり、太陽光からエネルギーを得るすべを進化させた細菌が、ミトコンドリアを備えた真核生物に入り込んだ末に、もうひとつの共生関係が生まれているのだから。真核生物の発生と同じく、この出来事は生命の長い歴史のなかで一度だけ起こり、藻類を、やがては植物を生み出した。藻類や植物では、細菌に由来する葉緑体という細胞小器官が、宿主の真核生物のために光をエネルギーに変換しているのだ。こうした奇妙な「共生からのハイブリッド形成」が二度起きているので、そんな出来事の可能性は少なくとも二倍になるが、それでもまだきわめて見込みが薄い領域だ。異星の生命でも、似たような生物が似たような習性をもつうえで、そんな出来事が起こる必要があるだろう。すると、地球で見られるような生命がどこか別の場所にも存在する見込みはおそろしく低くなる。

どんな大型の地球外生命も、環境から体内へ物質やエネルギーや情報を輸送する、なんらかの手段を必要とする。ミトコンドリアのない地球上の生命が顕微鏡で見るほどのサイズに限られているのは、強力なエネルギー源がないため、この輸送に物理的制約が課せられるからである。エネルギーを生み出すミトコンドリアを取り込んで初めて、真核細胞は大型化でき、やがて多細胞となった。しかし、必要なエネルギーを供給でき、最終的に完全に取り込まれてしまう共生体を手に入れるという幸運がなければ、生命は微小なサイズから脱することができなかったはずだ。エイリアンがいたとしても、きっとピンの頭に何十万ものれるにちがいない。

多細胞

われわれがよく知るすべての多細胞生物の系譜をたどると、真核生物を生み出した唯一の出来事に行き着くが、だからといって多細胞生物の出現が必然だったわけではない。真核生物の発生から優に一〇億年以上、生命は頑なに単細胞でありつづけた。それどころか、ほとんどの真核生物の系統は今なお単細胞だ。この星の条件は基本的に変わらなかったので、生命は変化しても有利にならなかったのである。その結果、三〇億年近くにわたり、地球の様子はほとんど同じままだった。陸地に生命はなく、ときたま海で見られる水の華《はな》〔赤潮やアオコの総称〕や、細菌のマット（皮膜）に取り込まれた砂粒で形成された岩塊を除けば、通りすがりのエイリアンに、地表で何か興味深い現象が起きていると気づかせるものは何もなかった。

ここからわかるのは、多細胞に向かわせる進化の推進力などないということだ。実のところ、おそらく生存と生殖に向かわせるものを除いて、進化の推進力は存在しない。多細胞への進化は、最終的に四つの大きな系統――動物、植物、菌類、褐藻類《かっそう》――で二五回起きたようだが、自然発生と同様、どのように、なぜ、あるいは正確にいつ起きたかさえ、わかっていない。動物間の類似性を探った遺伝学的データによると、七億年前に分岐したらしい系統もあれば、もっと前に進化を遂げた多細胞生物もいる。

生命が多細胞化したのは、気候変動や地殻変動と関連した環境変化に、当初の真核生物の系統で何度も生じた変異が組み合わさったためだったにちがいない。そうした変異は、やがて世界が変わったときに花開く、累積的な変化をもたらしたのかもしれない。その新たな世界では、より大きくて複雑な生物が生き延びて栄え、そうしながら環境を直接変えはじめた。海底の細菌マットを掘り進み、下層をかき回して、新たな生態系を作り出したのである。カンブリア紀の初め（五億四二〇〇万年前）に海洋で利用できる生体鉱物〔生体が作り出した無機物〕が変化すると（ひょっとすると地球を覆った氷河の作用によるのかもしれず、また酸素濃度の増加とも関係している可能性もある）、動物は防御や運動のために、まずは殻を、続いて強靱な外骨格を発達させられるようになった。そして進化の爪車《ラチェット》〔反転不能の歯車〕や軍拡競争と呼ぶべきものが始動すると、生物は進歩の様相を呈し、感覚全般が強化されて、捕食者も被食者もどんどんすばやく狡猾になった。臆病な獲物は、群れて行動することで捕食されないようにした。自然選択の圧倒的な驚異が現れだし、「カンブリア爆発」とずばり名づけられた時期に、驚くべき種類の動物が誕生した。これは、生命の内なる衝動が目的論的に表れたのではなく、環境や遺伝子の変化と多くの軍拡競争がもたらした結果なのだ。しかし、ここへ至るには、生物学的にも地質学的にも、途方もない数の見込み薄の出来事が必要だった。そしてこれに続く出来事も、同じぐらいありそうにないものだった。

危機一髪

陸が緑に覆われだし、海に驚くべき生物があふれても、そこから今に至る道筋は、必然でもまっすぐでもなかった。偶然の出来事がわれわれの惑星の進化の道を決め、危機一髪の事態も幾度かあった。たとえば、およそ二億五二〇〇万年前のペルム紀末期、立てつづけの巨大火山噴火が数千年にわたって気候を変えた結果、海の生物種の九〇パーセントと陸の生物種の七〇パーセントほどが絶滅した。われわれの祖先は生き残ったが、状況がわずかでも違っていれば生き残れなかった可能性があることは想像に難くない。

非鳥類型恐竜を一掃した最も有名な大量絶滅は、少なくとも一部は六六〇〇万年前の巨大小惑星衝突によってもたらされた。天体の動きがほんの少し違っていれば、小惑星は地球に当たらなかっ

ただろうし、するとあなたも私もここにいなかったはずだ。われわれ哺乳類の祖先が拡大できたような、恐竜のいない生態学的なニッチがなかっただろうから。こうした偶然の出来事がわれわれの惑星を決定づけたのであり、ほかの惑星の生命も、存在すれば決定づけたにちがいない。覚えておくべきは、「決定づける」イコール「破壊する」になる場合もあるということだ。

恐竜が支配しつづけた地球があったとしても、なんらかの高度な知能をもつ爬虫類がわれわれの代わりに生まれていたとは決めてかかれない。動物が知能や複雑さを高めるような傾向が、進化にあるわけではない。たとえば道具の使用は、一部の鳥類など、さまざまな動物に見られる。この習性は、進化の歴史でずっと昔、鳥類が別種の恐竜だったころにまでさかのぼれるかもしれない。このすばらしい能力があっても、カラスが地球を支配することにはならなかった。ただひとつの種が、道具の使用によって地球を支配できた。それがわれわれなのである。

自己認識と文明

複雑さや多細胞に向かわせる進化の推進力がないのと同じく、意識の誕生に向かわせる進化の推進力も存在しない。むしろ、ランダムな出来事に応じて起きた一連の進化が、複雑に曲がりくねったまるっきり運任せの道をたどった末に、私は書き言葉という媒体によって自分の考えをあなたに伝えているのだ。その道に必然はない。

どの動物に意識があるのかを明らかにする科学的な方法はない――われわれが動物の表情や行動から受ける印象は、良い基準とはならないのだ！　大型類人猿――チンパンジー、オランウータン、ゴリラ――に何かしらわれわれと似た意識があり、われわれとの共通祖先にもあったとすると、意識はこの星にほぼ一〇〇〇万年前から存在していたことになる。一部の大型哺乳類（クジラやゾウ）や、ひょっとしたらカラスなど、ほかの系統も含めれば、意識はさらに昔から存在し、おそらく一度ならず生じたことになるだろう。だが、ヒトの意識と、ヒトの親類である類人猿の意識とのあいだには、質的な違いがあるし、ましてや、ほかの哺乳類や一部の鳥類にあるかもしれない意識についてはもっと異論がある。われわれは、話すことも、他者の思考を読み取ることも、他者が何を考えているか想像することも、嘘をつくこともできる。このすべてができる動物はほかにいない。知られているかぎり、われわれの意識や考え方は、地球の歴史で唯一無二のものなのだ。

明確な自己認識と、複雑で抽象的な物事を考え、そうした考えを言語で表現することのできる能力とをもつヒトが、東アフリカに現れたのは必然ではない。これも、おそらくは気候変動にかかわる、一連の偶然がもたらした。身体構造や心理の点で現代的な人類が出現したのは、たかだか二〇万年前だ――つまり、生命が存在している期間の九九・九九五パーセントにわたり、エイリアンが

話せる相手はいなかったことになる。空飛ぶ円盤の搭乗者は、地球のステゴサウルスやサメやナメクジに感銘を受けたかもしれないが、自分たちの優れたテクノロジーの秘密を伝えたかったなら、すぐに別の場所へ飛び去ってしまっただろう。

ヒトが出現しても、決して確実に生き残れたわけではない。遺伝子のデータは、ヒトが約八万年前にほぼ破滅的な人口急減に見舞われたことを示している――ある時期、地球上にわずか一万人ほどしかいなかったのだ。風前のともしびとなった人類は、干ばつや疫病であっさりかき消されていたかもしれない。その後ゆっくりと地球全体に広がりだすと、おしゃべりや祭礼の踊りに興じ、体に入れ墨を施し、洞窟に壁画を描きながら、ネアンデルタール人や謎めいたデニソワ人などの近縁種に出会い、きっとほかの人類にも遭遇したにちがいない。われわれは生き残り、彼らは滅んだ。しかし、逆の結果にも容易になりえただろう。

ヒトが地球全体に広がり、人口が一〇〇万人ほどにまでふくれ上がったあとでも、言葉を話す類人猿が宇宙へ進出する保証はなかった。文明が誕生するには、栽培化できる植物と適切な気候の組み合わせが必要だった。ヒトはこうした条件を、まずは肥沃《ひよく》な三日月地帯（現在のイラクからシリアにかけての地域）で、次に中国と中央アメリカで利用できたが、最初期の農耕の実験はあっけなく失敗する可能性もあった。ヒトは存続期間の大半にわたり狩猟採集民であり、農耕の発展がなければそのままだっただろう。またしても、ヒトの発展の道には幸運が敷き詰められており、成功の見込みはほんのわずかだったのだ。意識をもつエイリアンでも同じように見込みは厳しいだろうし、彼らはわれわれほど幸運に恵まれない可能性もある。

　幸運と多くの判断が味方すれば、われわれは気候変動や核戦争がもたらす存続の危機を乗り切り、今後発生する人畜共通感染症の流行や、抗生物質が乱用で効かなくなる事態を防ぐこともできるし、将来の巨大な小惑星の衝突を宇宙警戒システムで回避することもできるだろう（ここに挙げた脅威はわれわれに推測できているものだけで、ほかにもあるかもしれない）。これらがなんとかできたら、われわれはほかの星へ入植したり、何千もの探査機を送り出して異星文明とコンタクトしたりできる可能性もある。それでも結局は、あらゆる生物と同じく絶滅する。ほかの文明がわれわれを見つけてコンタクトできるような期間は、きわめて短そうだ。銀河の時間的スケールでは、われわれは長くは存在しない。同じことは、仮定上のエイリアンについても言える。悲しいことだが、われわれは互いに会いそこねているだけなのかもしれない。われわれが、エイリアンの探査機や、滅びた文明の遺物に遭遇する可能性はあるものの、今のところ、自分たちが作ったもの以外にロボットは見つかっていない。

　われわれがここまでやってきたからといって、エイリアンも宇宙へ向かっているはずだとか、われわれはどうにかして星々に到達することになると言えるわけではない。人類文明が必然に思える

のは、視点による錯覚、宇宙のトートロジー（堂々めぐりの論理）だ。われわれが存在するから、そんな問題に思いをめぐらすことができるだけなのである。その存在は、なんらかの超自然的な力によって導かれたのではないし、みずからの遺伝子に刻まれていたのでもない。われわれは、飛び抜けて幸運だったにすぎないのだ。

生命に対するこの見方はわびしいものではない。ありのままの現実なのだ。それは、SETIやそれに類する計画が時間の無駄だということではないし、太陽系やその外を探査すべきでないということでもない。ただ、はかない地球生命の驚異を理解し、生態系にこれ以上ダメージを与えないように最善を尽くすことを優先すべきだというのは確かだ。われわれは、地球に生きる何兆もの生物に対して責任を負っており、そうした生物の生存をひどく妨げ、おびやかしてしまっている。われわれがうっかり生み出した大問題の解決を、主な目標とする必要がある。

地球起源ではない生命を火星で見つけたり、星々からメッセージを受け取ったりしたら、私ほど喜ぶ人はいまい。私は自分が間違っていたことに狂喜するだろうが、すぐにそうなるとは期待していない。

第IV部

エイリアンを探す

ALIEN HUNTING

Chapter 15

それは銀幕の向こうからやってきた！——映画に見るエイリアン

アダム・ラザフォード（遺伝学者、著作家）

It Came from Beyond the Silver Screen! Aliens in the Movies

Adam Rutherford

彼らはたいてい間違って考えている。

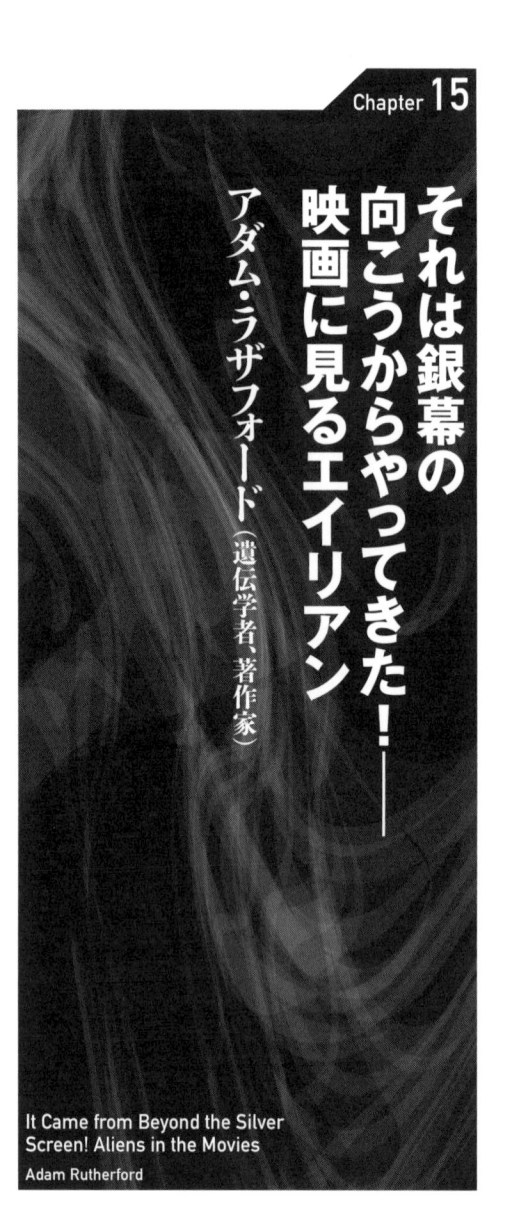

たいていは。

映画の製作者は一世紀以上も前から、自分たちのイメージするエイリアンを文化に吹き込んでおり、そのほとんどすべてが、われわれとよく似た姿をしている。映画で初めて宇宙旅行を描いたジョルジュ・メリエスの『月世界旅行』（一九〇二年）には、月人《セレナイト》という月の先住民が登場するが、この名はギリシャ神話の月の女神セレネにちなんでいる。彼らは節足動物にやや似ていて、球根状の頭とロブスターのような鉤爪をもつが、ほとんど人間である――直立して二本足で歩くのだ。次の宇宙旅行は、H・G・ウェルズの『月世界最初の人間』（白木茂訳、早川書房）を原作とした一九一九年の映画で描かれ、この作品にも月の先住民として月人が登場する。残念ながら、フィルムはすべて失われてしまっている。現存するわずかなスチール写真では、この月人もどこか昆虫型だが、不可解な異世界を舞台にした子ども向け番組「イン・ザ・ナイトガーデン」に登場する、青い肌に丸い頭と卵形の胴体をもつイグルピグルに、不気味なほど似ている。

こうして、一世紀にわたるエイリアンのモチーフが決定づけられた――ヒューマノイド（ヒト型）か、昆虫か、昆虫に似たヒトが、映画に登場する地球外生命の代表格となったのである。われわれは、予算の制約や人間中心主義のためにヒト型を好む。そして、エイリアンはわれわれに少し似ているだろう、とぼんやり考える。われわれは自分のことを考えるのが好きだからだ。「スタートレック」や多くの類似作品では、人間でないことを示すのに、人間の顔に小さなこぶをつけたり、肌を緑色に塗ったりするだけで済ませている。「スター・ウォーズ」の宇宙にも、人間を変化させたタイプ以外はほとんど出てこない。二〇〇九年に公開されたジェームズ・キャメロンの『アバ

ター』では、予算はさしたる問題ではなく、ただ退屈なまでに想像力が欠けていたように見える。「われわれより背を高くして、ちょっと猫っぽく、だがセクシーに。尻尾もつけて。未開だけど聡明にしないといけないな。そうだ、ついでに肌を青くしよう」

今日では進化のことがかなりよくわかっており、豊富な化石記録が新たに遺伝学とともに、地球で生命がどのように進化してきたのかを示してくれている。まだ多くの謎が残されているものの、われわれの直近の祖先については、多くのことが明らかになっている。二足歩行の登場や、われわれを今の状態に仕立て上げたさまざまな要因である。別の世界でも、進化によって生物の体つきが同じになると考えるのは、まったくばかげている。ほとんどの陸生動物は二足歩行をしないのに、なぜわれわれは二足歩行をするようになったのかは、よくわからない。だが、これは複雑な環境条件の数々への適応であり、主に、木にぶら下がるのでなくサバンナで暮らし、移動の効率を高めるのに備えるものだったという仮説が立てられる。地球を再起動し、わずかな変数を変えただけで一からやりなおしたら、われわれはこのようになっていなかっただろう。地軸の傾きといった一見関係なさそうなことがらさえ、重要な役割を果たしている。われわれに季節をもたらしているこの二三度の傾きは、火星サイズの岩塊が生まれたての地球に衝突した結果で、そのときはじき飛ばされたかけらは月となった。岩塊が衝突しなかったら、どうなっていたか。地軸の傾きはなく、季節もなく、月もなく、潮の満ち引きもなかっただろう。すると気象状況が変わり、時間的な気候変化が異なり、まったく異なる進化上の祖先が現れていたはずだ。また、直径一〇キロメートルほどの小惑星が白亜紀の空から今のメキシコ湾にあたる場所に落下せず、そのせいで、恐竜やほかの多くの種を一掃しながらもわれわれの祖先となる小さな哺乳類は繁栄させるような絶滅レベルの出来事を引き起こさなかったとしたら。あるいは衝突した岩塊の大きさが半分で、恐竜の半分しか滅びなかったとしたら。われわれは今のようになっていただろうか？　答えはほぼ確実にノーだ。われわれの姿は必然ではない——宇宙の偶然にすぎないのである。

一九五〇年代以降、エイリアンは人間と見分けがつかない姿で映画によく登場している。単に映画製作を安く済ますためという場合もあった。エド・ウッドの『プラン９・フロム・アウタースペース』（一九五九年）は、ばかにされながらも愛されているカルト映画で、史上最低の映画として引き合いに出されることも多い。セットは滑稽なまでに雑で、空飛ぶ円盤は糸で吊られ、台本はお粗末で長たらしく、キャストはレスラーや地元の著名人、吸血鬼の扮装で知られる女優。ヒト型エイリアンは恐るべき「プラン９」をもって襲来し、地球の死者をよみがえらせる。とくにその死者のひとりは、ホラー映画の名優ベラ・ルゴシだ（ちなみにルゴシは撮影開始から何日かで亡くなり、エド・ウッドの整体師が代役を務めた。彼はルゴシよりずっと背が高く、容姿は似てもいないが、マントで顔を隠していた。しかしそのマントはルゴシのものと別物だった。元のものはルゴシとともに埋葬されてしまったのである）。その八年前に公開された古典映画『地球の静止する日』（一九五一年）には、ヒューマノイドのクラトゥが登場し、われわれがおこないを改めなければ「灰燼《かいじん》に帰す」と核の時代への警告を発した。ヒト型エイリアンの進化形と考えられたものもたくさんある。いわゆるグレイで、ほっそりした体に大きな頭と目は、おそらく脳の進化でわれわれより優れ、肉体の力に物を言わせなくなっていることをほのめかしているのだろう。スティーヴン・スピルバーグはとりわけグレイがお気に入りのようだ。『未知との遭遇』（一九七七年）では、逆光を浴びた姿が華奢で優美で、実は少女たちが演じている。『E.T.』（一九八二年）に登場するエイリアンは、灰色《グレイ》より緑《グリーン》がかっていた（死ぬまでは）が、『A.I.』（二〇〇一年）では、ずっと細い体と球根状の頭になっている。もっとも、彼らはエイリアンではなく、高度に進化を遂げたロボットなのだったが。

われわれ人間は、地球の生命のほんの一部でしかない。ほとんどの生物は単細胞の細菌や古細菌だが、思うに、こうした生物は小さすぎて映画には物足りないのだろう（もっとも、スクリーンに映らない、ずっと小さな複製体であるウイルスが、二〇〇五年公開の『宇宙戦争』では火星人を撃退するのに決定的な役割を果たしている）。地球の動物の大半は昆虫だ。われわれと昆虫には、およそ五億五〇〇万年前に這いまわっていた共通の祖先が存在する。昆虫はわれわれ哺乳類とはまったく異なるように見えるが、脚や眼や体軸全体を形成するための遺伝子は、哺乳類のものとほぼ同じで、身体の構造も変わらない——一方の端に眼と口をもつ頭が、もう片端に尾が、あいだに脚があるのだ。それでも、月人以来、昆虫などの節足動物は、異世界の生物のヒントとなってきた。『スターシップ・トゥルーパーズ』（一九九七年）、『インデペンデンス・デイ』（一九九六年）、『メン・イン・ブラック』（一九九七年）、『第9地区』（二〇〇九年）、『ミスト』（二〇〇七年）など、たくさんある。

一九七九年には、『エイリアン』に新たな昆虫型エイリアンが登場し、さらに一九八六年の続編『エイリアン2』ではその大群が押し寄せ、ばかでかい女王まで現れた。第一作では、ボラジ・バデジョという身長二一八センチメートルのナイジェリア人俳優が、ゼノモーフ〔『エイリアン』シリーズに登場する異星人の呼称〕の着ぐるみを身にまとっていた。先端のとがった尾のほか、男根をイメージした要素が多々あるが、まだ着ぐるみをまとった人間だ——頭と（ふたつの）口がてっぺんにあり、腕、手、脚が下へ続く。『エイリアン3』（一九九二年）になると、寄生生物はイヌに取りついて、成体がヒト型でなくイヌ型となった。『エイリアン』や『エイリアン2』のヒト型化でも、『エイリアン3』のイヌ型化でも、そうした生物はしっかり考えられた科学的なアイデアの範《はん》疇《ちゅう》に入る。異形《ゼノモーフ》という名をもつそれらは寄生生物で、その行動は、自然界で見られるぞっとするような寄生行動をいくらか考えてみれば、十分に真実味があるのだ。信じられない人のために、いくつか例を挙げよう。

アルコン・ブルー（学名 *Phengaris alcon*）はとても可憐なチョウだが、見かけは当てにならない。

実はかなりあくどい生物なのだ。このチョウはスイスに分布するリンドウ属の野草に産卵する。幼虫は丸々と太るまで葉を食べると、地面でだらだら過ごし、アリに見つかるのを待つ。そして化学物質を分泌することで、哀れなアリを騙して自分の子だと思い込ませるのだ。アリがこの幼虫を巣へ運び込むと、それはアリの幼虫を食べてしまう［食べてしまうのは近縁の *Phengaris arion* などで、*P. alcon* は主にアリに給餌《きゅうじ》をさせて成長するとの報告もある］。アリの巣から外界へ出る準備ができると、チョウは修羅場をくぐって逃げ出さなければならない。アリたちが、この羽ばたきする生き物は実は自分たちの仲間ではないといきなり気づくからだ。しかし、この生まれたてのチョウは鱗片《りんぺん》で覆われていて、アリはしっかりつかまることができない。チョウは、裏切られて怒ったアリに猛烈に追いすがられながら、無理やり外に出る。

このようにチャンスをうまく利用する形態の進化にびっくりするようなら、寄生バチの一種イクネウモン・エウメルス（*Ichneumon eumerus*）はどうだろう。このハチの主な宿主はアルコン・ブルーの幼虫なのだ！　雌バチがアリの巣のにおいを求めて地面を探しまわり、アルコン・ブルーの幼虫がいれば巣へ侵入する。それから、鋭い産卵管を一番太ったチョウの幼虫の腹に突き刺し、卵を一個産みつける。雌バチはまた、化学物質で巣にマーキングをし、ほかの寄生バチが同じことをしないように警告する。卵から孵《かえ》った寄生バチは、アリになりすましたチョウの幼虫のなかで九～一〇か月アリに養われると、宿主の体を食い破って出てこられるようになり、その際、アリに同士討ちをさせてハチを攻撃しないようにする化学物質を放出する。

　このような寄生行動は、われわれ人間にとってはなんとも異質《エイリアン》なものだが、自然界には山ほどある。それに、『エイリアン』シリーズに寄生のライフサイクルの諸要素が見られるのは面白い。宿主の体内に卵を産みつける、生まれた子が宿主を食い散らかして出てくる、身体を装甲で覆う、脱皮する、といった具合に。だが、アルコン・ブルーの話をハリウッドのプロデューサーに振ったらと考えてみよう。自然界では信じがたいことがよくあり、このチョウの話もちょっとありそうもないものに思える。元の『エイリアン』シリーズ（最終的に四作になった）のほかに、実はひどいスピンオフが二作あり、別の映画のエイリアン「プレデター」が登場する。このお粗末なスピンオフで一番の長所を挙げれば、『エイリアンVS.プレデター』（二〇〇四年）のポスターにある「どちらが勝っても……われわれに未来はない」というキャッチコピーである。まさにアリの心境にちがいない。

　映画の科学的なリアリティが気になりすぎることもある。私はふつう、科学的に厳密でなかったり、ひどく現実離れした銀河を舞台にしたりしていても、それほど気にしない。ところが、あるエイリアン映画は私に怒りと嫌悪と苦痛をもたらした――そしてSFファンならだれでも知っているとおり、こうした感情は暗黒面《ダークサイド》へ通じているだけだ。『プロメテウス』（二〇一二年）はあらゆる点でとてつもなくひどい映画で、基本的な筋書きがほとんど支離滅裂なので、おそろしくいいかげんな科学描写に批判を重ねるほうがいいのではないか。おそらく科学描写で筋書きを補強するつもりだったのだろうが、むしろだめにしているのだ。最初に、非常に背が高く、とんでもなく筋骨隆々の、人間らしき男が映る。肌は石膏《せっこう》のように白く、腰布一枚で断崖に立っている。アイスランドかもしれない。この時点で理由は不明で、その後も明かされることはないが、男は小さな黒い容器の中身を飲み干すと、苦悶の表情を浮かべ、バラバラになって足もとの海へ崩れ落ちる。カメラは男の成れの果てである分子をクローズアップする。

臆面もなく一作目の『エイリアン』の字体を模したタイトルが映るとき、筋肉質の巨人のDNAが原始の培養器たる海のなかで乱舞する。だが、このDNAは左巻きの二重らせんだ。だから『プロメテウス』は、最初のシーンから間違いを犯している。地球上のすべてのDNAはコルク抜きのように右巻きで、この事実は、地球の全生命がただひとつの共通祖先をもつことを示している。これはよく起こる間違いで、機嫌が良ければ許せるたぐいのものだ。しかし間違いに変わりはない。

ともあれ、このシーンで表現されているのは、「われわれは、地球のあらゆる生命より前にやってきて、進化の種《たね》となるDNA（左右の巻き方向はともかく）をまいた種族によって設計された」という考えだ。これはSF作家が大好きなパンスペルミア説の一種で、エイリアンが、意図的に、あるいは偶然起きた宇宙の環境汚染によって、ほかの惑星に生命を植えつけたとされる。よくできた考えだが、私が思うに完全にSFの領域だ。地球でどのように生命が誕生したのかについては優れた仮説がいくつもあり、どれもエイリアンや神の介在を必要としないからである。『プロメテウス』の筋書きによれば、この太古のヒト型エイリアンが地球にDNAをもたらし、それが地球の生命の歴史を経た末に、祖先に比べると背が低く色黒で、筋骨隆々ではないタイプになった。もしそうだとしたら、進化はなぜそんな回り道をして創造主の姿へ戻したのだろう？　なぜわれわれは、これほど長いあいだ毛むくじゃらで四つ足だったのか？　あるいは野蛮な爬虫類だったのか？　それどころか、元の創造主の劣化版になるのを待つだけだったのなら、なぜこれほど長いあいだ――おそらく二〇億年も――単細胞生物のままだったのか？　『プロメテウス』でのエイリアンとの遭遇は、この間違ったパンスペルミア説の設定だけではない。はるかに男根的なモチーフのエイリアンとの遭遇もある。ミッションに参加した科学者のひとりが、ミミズのようなエイリアンを発見する。これは、人類と地球外生命とのファーストコンタクトと見なせるわけだが、この男はおそらく科学史上最悪の科学者だったためか、不用心なことをする。ミミズが頭をもたげ、そのペニスをイメージさせる姿だけでなく、牙の並ぶヴァギナのような口も露《あら》わにしたとき、男はそれをあやすような仕草をするのだ。するとエイリアンは男の顔にかじりつく。これで観客はやれやれと思う（だがひとつ指摘しておきたい。筋書きがおかしく科学的にめちゃくちゃな作品なので、これで男が死ぬわけではない。

彼はのちに、頭がぶよぶよになった怒《いか》れるゾンビとなって戻ってくる——酸を吐くヴァギナ・デンタタに顔を食われると、だれでもこうなるのかもしれないが）（実際にゾンビになるのは男と同時に襲われた別の人物。またヴァギナ・デンタタとは「歯の生えたヴァギナ」の意味で、それをもつ女性が男のペニスを食いちぎるという伝承が世界各地にある）。

話が脱線した。『プロメテウス』が駄作たるゆえんはとんちんかんな脚本にあるのであって、手抜きの科学描写や想像力に欠けるエイリアン設定のせいではない。映画でエイリアンを正しく描くことなどできない。われわれが知っている宇宙の生命のサンプル数は、たったひとつなのだから。地球の生命は驚くほど多様でも、すべて同じ木の一部なのである。皆同じDNA（つねに右巻き）と同じ細胞構造をもち、環境からエネルギーを取り込む原理も同じなのだ。

映画でエイリアンをうまくこしらえるには、ふたつの方法があると思う。ひとつは、まったくこしらえようとしないことだ。変装は、ヒューマノイドのエイリアンにおける永遠のテーマである。彼らは、あるときはよこしまな企てを実行するために（『ボディ・スナッチャー／恐怖の街』（一九五六年）、『SF／ボディ・スナッチャー』（一九七八年）、『ゼイリブ』（一九八八年）、『アンダー・ザ・スキン　種の捕食』（二〇一三年））、またあるときは人間社会に溶け込むために（多くの映画でのスーパーマンや、『スターマン／愛・宇宙はるかに』（一九八四年））、あるいはただ生き延びるために（『遊星からの物体X』（一九八二年）、『地球に落ちて来た男』（一九七六年）。もっとも、後者で主役を務めたデヴィッド・ボウイが地球人だったのかもすっかり明らかというわけではない。彼が今どこにいるにせよ、そこは地球ではない）、こっそり人混みにまぎれて歩いている。

本物らしいエイリアンを扱うのに、単純に理解の及ばないものにするという方法もある。スタニスワフ・レムは、これを念頭に置いてSF小説『ソラリス』（沼野充義訳、早川書房、他）を書いた。

〔私は〕人間と確かに存在する何かとの遭遇の情景を、できれば力強く生み出したかったのだが、人間の概念や観念やイメージに落とし込むことができなかった。

『ソラリス』は、一九六八年、一九七二年、二〇〇二年と三度にわたり映像化された。新しいほうの二作はそれぞれに違ったすばらしさがあり、どちらも死と意識について深く考察している。われわれにわかるかぎりで言えば、惑星ソラリスそのものが非人間型の生命で、そのまわりを回る宇宙ステーションに惑星を調査するクルーがいる。エイリアンの存在は、人々の記憶として現れる。死んだ肉親や妻が、不完全なところや記憶違いもあるものの、クルーの心から呼び起こされるのだ。その姿はどうしても動揺を誘うが、宇宙ステーションが惑星に落下する段になっても地球に帰りたくないと思わせるほど、クルーをとりこにする。どちらの作品でも、この異質な知性について説明は試みられない。それはただ、われわれとはまったく異なる意識の表れにすぎないのだ。

スタンリー・キューブリックによるSF映画の傑作『2001年宇宙の旅』（一九六八年）でも、ふたつの黒いモノリスという存在に、同様のアイデアを用いている。一方のモノリスによって、われわれの祖先である類人猿が道具を武器として使うようになった。そして四〇〇万年後、もうひとつのモノリスによって、われわれは説明されていない進化の高みへ押し上げられる。こうすることでキューブリックは、進化生物学者である私を怒らせない形でダーウィンの自然選択をひっくり返してみせる。このエイリアンは何者なのだろう？　わからない。だがそれは、われわれではないし、われわれが認識できる何かでもない。

カール・セーガンの小説『コンタクト』（池央耿・高見浩訳、新潮社）は、一九九七年に同名で映画化されたが、ジョディ・フォスターが演じる天文学者エリー・アロウェイ博士は、映画史上最高の科学者かもしれない。彼女は、近隣の恒星系から送られてくる、地球外知的生命の仕業としか考えられない反復信号を検出する。その信号には、あちら側の存在と接触する方法の指示が含まれていた。

この作品は、科学に根ざしたフィクションという点で申し分のないSFだ。設定は空想で、存在しないテクノロジーや現象にもとづいている（ハリウッド映画で恒星間航行の定番と言えるワームホールなどだが、どれもせいぜい理論上のものだ）。しかしそれらは、科学のやり方やわれわれが真理を探る手だてと理由について、巧みに語ってわくわくさせてくれる。

　エイリアンのテクノロジーはうまく機能する。アロウェイ博士は、目覚めると遠く離れた恒星系にいる。そこは南国の浜辺だ。ただ空は違っていて、頭上でワームホールが渦巻き、神秘的にきらめいている。ぼんやりした影が近づき、姿がはっきりすると、それはエイリアンなどではない。彼女が一〇歳のときに死んだ父親だ。この演出に不満の声を上げ、低俗な感傷だと切り捨てる人もいる。だが私はとても感動した。とりわけ彼女が瞬時に真実を見抜いたからだ。「本物じゃない……意識をなくしているあいだに思考を取り込んだのね？　記憶も？」

「さすがは科学者」エイリアンが答える。「こうするほうが君が楽になると思ったんだ」カール・セーガンも見抜いていた。われわれにはエイリアンを思い描くことはできない。存在するとしても、本質的にダーウィン進化に従わないとは想像しにくく、また地球の生命と同じやり方で生きていないとも考えづらい。環境から絶えずエネルギーを取り出す仕組みで活動し、生きているかぎりエントロピーの必然的な増大を遅らせるというやり方だ。それでもわれわれは、エイリアンが数十億年かけて体型や行動を作り上げた進化の圧力まで想像することはできない。宇宙に知的生命がいるとしても、遭遇するまで長い年月を要するだろう。そのときまで、われわれは探査する。われわれは孤独なのか？　本書に寄稿したほかの執筆者が、論理的な答えや数学的な答えを示してくれているだろう。私としては、探れば探るほど、科学でもSFでも、われわれ自身のことが明らかになっていくというのが真の答えだ。『コンタクト』のエイリアンはこのように結んでいる（だが私には、カール・セーガン自身が言っている姿が思い浮かぶ）。

ずっと探ってきて、空っぽの世界を唯一耐えられるようにしてくれるのは、互いの存在だと気づいたのだ。

Chapter 16

われわれは何を探しているのか？——地球外生命探査のあらまし

ナタリー・A・キャブロール（宇宙生物学者）

What Are We Looking For?
An Overview of the Search for Extraterrestrials

Nathalie A. Cabrol

五〇年以上前、ＳＥＴＩ研究所の天文学者フランク・ドレイクは、いまやよく知られる「ドレイクの方程式」を記したことで、地球外生命探査の全体的なビジョンを明確に示した初めての科学者となった。そうすることでドレイクは、「ロードマップ」を作り上げた。つまり進むべき道を示し

たのであり、それは、地球外生命探査を成功させたければ、銀河や惑星系がどのように形成され、どれだけの惑星がハビタブルとなって生命や文明やテクノロジーを発達させられ、そうした高度な文明のうちどれだけがわれわれと接触したがるかを、まず知らなければならない、とするものだった。この方程式は高度な地球外文明の探査へ向けられたものだったが、それにはすでに現代の宇宙生物学にかかわるほとんどの要素が含まれていた。ドレイクの方程式は、生命の起源と地球外生命の可能性の問題に取り組むには、今日の宇宙生物学が取り入れているのと同じ、総合的なアプローチが必要であることを示している。宇宙生物学は多くの科学分野にまたがるため、あらゆる分野の進歩にもとづき、次のような疑問に答えようとしている。生命はどのようにして生まれ進化したのか？　宇宙のどこか別の場所にも生命は存在するのか？　地球やほかの場所で生命はこの先どうなるのか？

これらの疑問は宇宙的規模の謎だが、謎を解くのに重要なピースがいくつか足りない。われわれは、生命とは何かという明確な定義を手にしていない。生命の種《たね》は、パンスペルミア（彗星や小惑星の衝突により、太陽系内の天体間で物質が運ばれること）や惑星間のやりとり（たとえば火星と地球ができたときに、両惑星間でいくらか物質のやりとりがあったとする考え）によって、地球にまかれたのだろうか？　あるいは生命は、自然発生（単純な有機化合物や化学反応から自然に生命が生まれるプロセス）によって、地球上で作り出されたのだろうか？　また、いつ――あるいはどの環境で――前生物的な化合物から生命へ移行したのかという記録もない。生命が宇宙で一般的に生じるものなのか、偶然の産物なのかもわからない。だが、この謎を解き明かすつもりなら、まずはわれわれに注目するのが妥当だ。

　われわれが住む地球の生物圏は、先に挙げた疑問の答えは示していなくても、環境や宇宙による試練が数十億年にわたりうながしてきた、生命の進化と適応の記録となっている。もっと遠く離れてみれば、われわれがいる太陽系は実験室と見なせる。そこでは自然が長大な年月をかけて多様な環境を作り上げており、その複雑さたるや、実験で生み出せるどんなものも凌いでいる。太陽系の外については、われわれのすばらしく高度な道具が空間と時間をのぞく窓となり、銀河や恒星や惑星ができたプロセスを垣間見させてくれている。そして最後だが忘れてならないのは、人間の心が、モデルを作って理論化し、際限なく思考実験を生み出すことができるという事実だ。

　こうした手がかりをもとにわれわれは、地球外生命について何を、どこで、どのように探せばよいのかを理解しはじめた。やむをえないことだが、われわれの見方はまだ人間中心的だ。われわれは「自分たちの知る」生命を探しており、このアプローチは理にかなっている。生命についてわかっていることがまだ非常に少ない場合、わかっていることから始めるほうがいつでもたやすいからだ。知識が増すにしたがい、仮説やモデルは複雑になり、それらを検証するテクノロジーは高度になる。それによりさらなる発見がもたらされ、基礎となる仮説やモデルに磨きがかかる。これは反復プロセスだ。この点で、過去数十年に及ぶ地球の極限環境や太陽系や深宇宙の探査は、ハビタビリティの定義や生命の可能性を一変させた。

何を探しているのか？

これまでの章を読んでわかっているだろうが、宇宙で生命を見つけるうえで第一の難題は、生命とは何であるかという広く受け入れられた定義が存在しないことだ。生物学者や生化学者や遺伝学者は、今なおひとつの定義に見解を一致させられないままだが、一方で、ひとつの特性で生物を無生物から明確に区別することはできないという考えから、定義の統一など試みるべきでないと主張する者もいる。しかし、生命を定義しようとしたある試みは、探査に役立つ道筋を示してくれている。一九四四年、エルヴィン・シュレーディンガーは、生命とは「崩壊して平衡状態になるのを免れている」もの――あるいは少なくとも、エントロピーの増大（エネルギーが拡散して均一な状態へ向かうこと）に抗うことで、平衡状態になるのを遅らせるもの――だと提唱した。栄養摂取や老廃物の排出のような生化学的プロセスによって代謝活動が続くかぎり、生命活動は維持される。つまり別の言い方をすれば、生命とは生かされつづけているものなのである。

シュレーディンガーによる定義は、必ずしも生命とは何であるかではなく、生命が何をするのかを直接観察したものではないのかという疑問はあるが、それはさておき、代謝活動が生命を観察し測定するひとつの手だてなら、地球外の生物痕跡を探すのに使える。これはすでに、ヴァイキング探査機の火星ミッションで使われた手法だ（その結論について意見が割れているのは確かだが）。

系外惑星の場合、その距離ゆえに遠隔探査《リモート・センシング》の手法に頼るほかないが、われわれは、生物が作り出した化合物を含むかもしれない系外惑星の大気からの光を調べることで、生命の分光学的なしるしを識別するすべを知りはじめている（詳しくは第17章参照）。このアプローチの難点は、そうしたガス（メタンや酸素など）の多くは生命の明白なしるしとは言えず、地質学的プロセスでも生物学的プロセスでも生じうるということだ。生物がしばしばみずからの組織を硬化させるために鉱物を作り出すバイオミネラリゼーションは、すぐには望遠鏡で遠くから調べられるようにならないだろうから、「現地調査」の手法が必要になる。やはり、生物痕跡を遠くから突き止める手法を進歩させるには、生命とは何であるか、またそのプロセスや副産物はどんなものかについて、まず地球上でより深く理解する必要があるのだ。少なくとも最初はそうであり、宇宙探査の練習場として地球や太陽系の重要性を軽んじてはいけない。

どこから来たのか？

現時点で最も妥当な考えは、生命は六種類の重要な元素──炭素、水素、窒素、酸素、リン、硫黄──からなる単純な有機化合物から誕生したというものだ。すると、化学物質が生物になる転移点がなくてはならないことになる。この変容の瞬間こそが生命を定義づけるものなのか、あるいは、生命はこの変容とその後に生じた多様な形態がもたらした結果なのか、という疑問にはまだ答えが出ておらず、科学と哲学と宗教が答えに近づく手だてを提供している。化学物質から生物への移行がどこでどのように生じたのかを知る手がかりは、理論上、われわれの惑星の地質学的記録に残されている可能性がある。最近まで、生命の存在を間接的に示す最古の証拠は、グリーンランド西部で発見された三七億年前のグラファイト（黒鉛）だった。グラファイトの微量炭素同位体比測定やレーザーラマン分光分析の結果は、この炭素が生物起源の有機物に由来することを示していた。つまり、生物が作ったものなのである。そして最近の研究では、西オーストラリアの四一億年前の岩石に生物起源の炭素が含まれている可能性が提示されている。また、始生代（四〇億～二五億年前）にいた生命の最初の直接的な証拠が、ストロマトライトや微化石として、西オーストラリアの三四億八〇〇〇万年前の砂岩から見つかっている。ストロマトライトは、浅瀬の微生物（シアノバクテリア）が堆積物の粒子をとらえて結合し、層状の岩石構造を形成したときにできる。

この証拠は、地球最古の岩石に残っているものから見つかった。しかし、そんな岩石はまれである。地球に最初に地殻ができる数億年前、地球が冷えた直後に形成されたものなのだから。残念ながら、こうした初期の地質学的記録はほとんどすべて、浸食やプレート運動によってリサイクルされてしまっている。すると、化学物質から生物への移行の記録は永久に失われていても不思議はなく、地球上では見つけられないかもしれない。それでも、初期の地球と火星のあいだで物質のやりとりがあったおかげで、太陽系のどこかに残っている可能性もある。

どこを探すべきか?

生命が現れて栄えるには、特定の要素がなくてはならない。水、エネルギー、栄養、そして、生命をおびやかす強い太陽光や宇宙線のような自然の猛威からの保護だ。生命が現れたのは、地球の環境が生命を育めるほど安定したときだと言われてきた。先ほど述べたとおり、生命活動の最初の間接的な証拠は四一億年前にまでさかのぼりうる。そして興味深いことに、この時期の地球にはまだ巨大な小惑星や彗星が頻繁に衝突し、地表をかなりの深さまでかき回し、全体の気候を大きく乱していた。これは、最初の海ができたとされるのと同じ時期(モデルによるが四二億~三八億年前)

でもある。海の深さのおかげで、保護されて安定した環境が、生化学的機構が生じるような長期にわたりもたらされた。ひょっとしたらそれは、熱水噴出孔のまわりだったかもしれない。

こうした熱水噴出孔は極限環境で、そこで生まれた生命はどれも、極端な圧力に耐えられたはずだ。今では「極限環境生物」と呼ばれる、極限環境で生きられる生物である。最初期の生物がそこで生きられた——それどころか、地球上の全生命の起源となった——のなら、われわれの探索にとって幸先がいい。水、エネルギー、栄養、それにシェルターは（すべて一緒に）、太陽系の多くの惑星や衛星に存在しているからだ。もっとも、地球に比べると間違いなく過ごしにくい環境ではあるが。われわれの世代は、太陽系内で生命の居住できる環境が驚くほど多様なことを、ようやく把握しはじめたばかりだ。それでも、わずか五〇年で途方もない進歩を遂げ、太陽をめぐる冷たく荒涼とした惑星や衛星としてひとまとめに扱われていたイメージを、生命が例外でなく原則となりうる、可能性に満ちた刺激的な世界へと変貌させた。

一方、宇宙や地上の望遠鏡はすでに、われわれから遠く離れた多種多様な世界を垣間見させてくれている。生命に必要な条件を満たしているかもしれない系外惑星——われわれの太陽系以外の惑星——はたくさんある。一九九二年、初のホットジュピター〔主星に近い軌道を回る木星型の巨大惑星〕が、太陽から二三〇〇光年ほど先で、パルサーPSR1257+12を周回する惑星として見つかった〔パルサーとは、パルス状の電磁放射を繰り返す天体〕。その三年後、太陽と同じ主系列星と呼ばれる恒星を周回する初の系外惑星として、ペガスス座51番星bが発見された。それ以後、何千もの系外惑星の候補が見出されている。多くは主星に近すぎて、ずっと溶融状態にある。また多くは木星を上回るサイズの巨大ガス惑星だが、固く凍りついた惑星もある。しかし、発見・確認された数千の候補のなかで、主星のハビタブルゾーン（生命居住可能領域）に位置する数十の地球サイズの惑星とそれより大きな「スーパーアース」（巨大地球型惑星）がとくに注目されている。現在、最有力候補とされるものは三つある。まずはケプラー１８６ｆで、これはほぼ五〇〇光年先の赤色矮星のまわりを回る地球サイズの系外惑星だ。それから、ウォーターワールド（水《みず》惑星）の可能性があるケプラー62ｆは、地球から一〇〇〇光年以上先にある。それよりも少し遠いケプラー４４２ｂは、地球サイズの岩石惑星である。どれもとくにハビタブルな候補と考えられている。もっと近くで地球から四二光年しか離れていないグリーゼ１２１４ｂは、二〇〇九年に発見されたスーパーアースで、海をもつ可能性がある。また最近、わずか一三・八光年先の赤色矮星のハビタブルゾーンを回るスーパーアース、ウォルフ１０６１ｃがリストに加わった。これは、ハビタブルな惑星の候補として、現在見つかっているなかで一番われわれから近い。

　こうした系外惑星が生命を育む可能性は、次に挙げる要素をもつ指標をもとにランク付けされている。ハビタブルゾーン――「ゴルディロックス」ゾーンともいう――の中心からの距離。地球のパラメータにどれだけ近いか。植物の生育に適しているかどうか。ハビタブルな大気をもつ可能性。その惑星の温度と質量——ここで温度は、どんなタイプの生命が生きられるかを推測するのにも用いられる。もちろん、これらのパラメータは「われわれの知る」生命を前提に計算されているが、宇宙にはほかにもさまざまな生化学的機構が存在しうる。われわれが用いている基準では、まだ考えきれていない生命を見逃しているかもしれないが、それでも生命を育みうる惑星の数について、控えめな推計を示してくれるのだ。

幸い、ケプラー探査機のミッションや地上の望遠鏡から近年集められている膨大なデータのおかげで、生命が居住できそうな環境や生化学的機構の数はほどなく増加するだろう。では実際にどうやっているのか？　先に挙げた系外惑星はとても遠いので、探査機を送り込むとしたら何千年もかかるだろう。だから、今のところわれわれの観測は、望遠鏡での遠隔探査やデータ解析、モデル化によっている。これまでに、遠隔探査によって新たな惑星系を見つける手法がいろいろ開発されてきた。たとえばトランジット〔惑星が観測者から見て主星の手前を通過すること〕の光度測定と計時、視線速度の測定（ドップラー法）、反射光の変動の観測、パルサーの周波数測定と計時、重力マイクロレンズ効果〔後方の天体の光が手前の天体の重力によって曲げられ、見かけの明るさが増す現象〕の観測があり、今では超高性能の望遠鏡による直接観測まで成功している！　データが集まるほど、より精度の高い——より優れた——モデルが作れ、ハビタブルな異星の環境や生物圏の特徴を明らかにすることができる。また、太陽系の探査や地球の極限環境の調査からわかることも利用できる。こうした結果から、ハビタブルゾーンに位置していなくてもハビタブルな環境を保持できる惑星や衛星も存在し……生命は、ひとたび生まれれば苦境に陥っても復元力が強く、いたるところで見つかるものだとわかっている。ほどなく、望遠鏡に搭載した高性能の分光器を使って、このような系外惑星の大気が調査されようとしている。それによって、こうした惑星の大気組成がわかり、生命が存在しうるかどうかを知る貴重な手がかりが得られるだろう。

惑星だけでなく、太陽系の探査から、ハビタブルゾーンの内外にかかわらず、衛星もハビタブルな環境となりうることが明らかになっている——しかも、衛星は惑星よりたくさんある。つまり、系外惑星が発見されたら、ただそれが生命を宿している可能性だけでなく、そのまわりに生命が居住できそうな世界がいくつ回っているのかも問題になるのだ。系外衛星はまだ見つかっていないが、時間の問題にすぎない〔二〇一八年一〇月には系外衛星の存在を示唆する証拠が発表されている〕。

次は?

これまで五〇年に及ぶ惑星探査により、惑星のハビタビリティについての理解や、ハビタブルと

考えられる条件の範囲は様変わりした。ここ二五年では、とくに二〇〇九年にケプラー探査機が打ち上げられてから一気にたくさんの系外惑星が発見され、天の川銀河のほんの一部だけでどれだけのハビタブルな世界が存在しうるかという問題について、われわれの考えが一変している。天文学や宇宙物理学も、この宇宙に今では一〇〇〇億あると推定されている銀河に、ハビタブルな世界の可能性を広げている。われわれは孤独かもしれないという考えは、統計とはまるで食い違っているのだ。

地球外生命は、われわれにどこかなじみのあるものかもしれないし、まったく異質なものかもしれない。しかし、われわれの惑星が、生命が棲めるほかの惑星や衛星の代表例となりうるなら、自然は、複雑な生物よりむしろ単純な生命をずっと多く生み出すように思える。おまけに、地球は二五億年以上ものあいだ微生物しかいないままだった。複雑な生命が生じるのに要した状況の積み重ねを考えると、生命がいる世界の相当な割合は、実のところ単純な生命に占められていそうで、われわれの太陽系は、宇宙における単純な生命と複雑な生命の存在比を示す代表例なのかもしれない。

技術や機器も急速に進歩している。これまでより優れた新たな観測により、地上や軌道上から、系外惑星の探査が続くだろう。太陽系内では、今後数年のうちにエクソマーズやマーズ２０２０といった探査計画で、火星における初期の生命の痕跡が探られる予定であり、その数年後にはエウロパへのミッションで、木星のこの氷衛星についてハビタビリティや生物痕跡が調査される。ハビタビリティを実証する段階から、生命の存在を真に突き止める段階への移行には、ふたつの要素が鍵となる。ひとつはもちろん生命が存在することであり、もうひとつはわれわれが生命のしるしに気づけることだ。この点で、火星は良い練習場となるだろう。初期の環境が地球とかなり似ていたからだ。これまでの火星のミッションでは、生命の部品が存在していたことが明らかになっている——そして前に述べたように、ふたつの惑星は初期に物質をやりとりしていた可能性もある。

ところが天体力学によれば、地球と、火星と、外部太陽系の氷衛星のあいだで初期に物質のやりとりがあった可能性は高くない。生命がこれらの世界で生まれていたら、おそらく容易に認識できないほど異質なものだろう。一方、外部太陽系の特異な物理化学的条件が、われわれの知る生命の概念から、太陽系の外ではありふれたものとなる異質な生化学的機構や代謝をもつ生命の概念へと、われわれの認識を改めるきっかけを結果的にもたらす可能性もある。

最終的に、この探索は、われわれと同じく高度な文明へ向かい、いつかわれわれがコンタクトできるかもしれない相手を見つけようとするものだ。われわれの手法は未熟で、探査の道具は限られている。今日ではまだ、電波や可視光の天文学が、地球外知的生命探査の基本的な道具だ。われわれは、アプローチの幅を広げ、想像力を駆使する必要がある——科学の網をもっと広く張るのだ。それには、地球上での種間のコミュニケーションや、生命と環境の相互作用や、周囲の宇宙などについて、もっとよく知ることさえ含まれるかもしれない。知の境界を押し広げ、この探索に学際的なアプローチをもち込むことを恐れてはならない。今日、われわれが惑星探査や宇宙探査で踏み出している赤子のような歩みは、人類を、地球から遠く離れた場所で同じ旅をしている相手と出会わせた歩みとして記憶されるだろう。このコンタクトがいつ起きるのかは、だれにもわからない。だが重要なのは、われわれがもうその航海に乗り出しているということである。

Chapter 17

宇宙にだれかいるのか?——テクノロジーと、ドレイクの方程式と、地球外生命の探索

サラ・シーガー（惑星科学者、宇宙物理学者）

Are They Out There? Thechnology, the Drake Equation, and Looking for Life on Other Worlds

Sara Seager

どこか遠くで、生きて息づいている世界が、恒星のまわりを静かに回っている。その世界に存在するのは、単純な細菌が栄え満ちあふれた動的な生態系だ。生命そのものには意識も知性もなくても、惑星は全体として活動的な世界であり、液体の水からなる海や陸地、火山も含む山々がある環

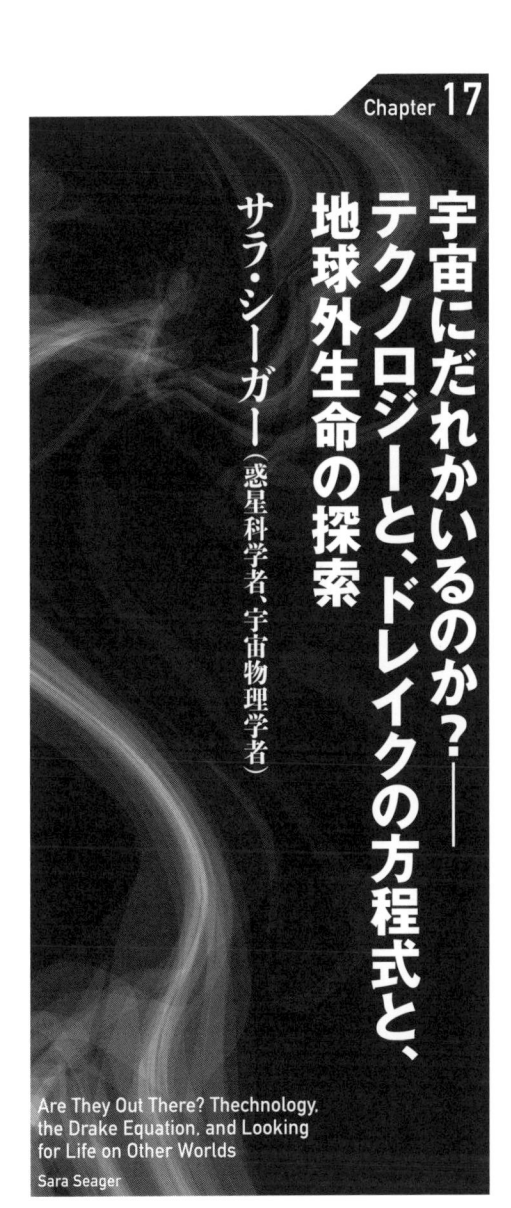

境において、地球物理学的現象や化学反応や生命現象のサイクルによって諸要素が互いに結びついている。そんな惑星が、天の川銀河に何百万、いや何十億もあるとさえ考えられている。

天文学者の私がいったいなぜ、天の川銀河での生命の存在について考えをめぐらすのか？　理由は三つある。第一に、今では小型の惑星は多いことがわかっている。第二に、われわれの知るすべての生命に必須である水は、多く存在する。第三に、生命の素材は容易に形成されるように思われるのだ。

天の川銀河には、惑星が満ちている。天文学者はすでに、いくつかの惑星検出手段で数千の惑星や惑星候補を見つけている。また、すべての恒星に惑星系があるという説得力に富む証拠もある。しかも、どんなタイプであれ非常に若い恒星を観測すると、残された塵《ちり》とガスからなる円盤があることがわかり、それがやがて惑星になると考えられる。先駆的なケプラー宇宙望遠鏡――二〇〇九年に打ち上げられ、主要ミッションを終えたあとも観測を続けている――によって、小型の岩石惑星やそうした惑星の候補は数千個発見できている。そして、太陽のような恒星のなんと五個にひとつか一〇個にひとつが、恒星の熱で惑星表面が生命にとって熱すぎず、冷たすぎず、ちょうどよくなるような軌道上に、おおよそ地球サイズの惑星をもっているようなのだ。

水は惑星の構成要素として非常にありふれているので、一部の科学者は、すべての地球型惑星が水をもって生まれるはずだと考えている。水は鉱物のなかに閉じ込められ、微惑星――宇宙空間に浮かぶ小天体で、岩石と塵と氷などで構成され、それらの物質がまとまって岩石惑星ができる——というものによって運ばれる。ここで重要なのは、そうした微惑星がきわめて活発な衝突を繰り返して惑星になるので、閉じ込められていた水が抜け出る場合もあるということだ。猛烈に活発な形成期が過ぎると、惑星が冷え、水蒸気は水になって海が生じうる。水はまた、彗星や小惑星によって、氷の形で惑星に届けられる。なかには、熱すぎたり、恒星風の強い恒星に近すぎたりして、海水を失ってしまう惑星もあるかもしれないが、全体として、液体の水をもつ惑星は多く存在するにちがいない。

生命の素材は、非常に多くの環境で、生命の構成要素である有機分子として見つかる。天文学者は地上の電波望遠鏡で、恒星間空間にひそむ冷たいガス雲に含まれる大型の有機分子を観測している。アミノ酸は、生物学的に重要な分子の一種として、地球の生命において中心的な役割を果たしているが、炭素に富む種々の隕石に見つかっている。土星の衛星のひとつである酷寒のタイタンにさえ、われわれの知る生命に必要な元素からなる分子が存在するのだ。

生物学者のなかには、天の川銀河は生命がいる惑星に満ちているという私の主張に異を唱える人もいる。なにしろ、地球で生命がどのように生まれたのかもわからないのだから、どうして地球以外のどこかに生命がいるだろうと、ましてや生命が遍在するだろうと確信できるのか？　初めに述べた三つの確たる論拠のほかに私は、系外惑星が作り出しているガスを高性能の次世代宇宙望遠鏡によって探ることで、その惑星に微生物の徴候を今にも見つけられそうな最初の世代のひとりだから、あえて推測し空想しているのだと認めよう。われわれが生命の探索をどんどん進めるにちがいないという私の確信は、日に日に高まっている。

ジェームズ・ウェッブ宇宙望遠鏡

二〇一八年の秋には、フランス領ギアナにあるヨーロッパの宇宙基地で、NASAとESA（欧州宇宙機関）のジェームズ・ウェッブ宇宙望遠鏡（JWST）が、アリアンロケットに収納されて打ち上げを待っているだろう〔本書冒頭でも触れたが、打ち上げ予定は二〇二一年に延期されている〕。JWSTは、一九九〇年代半ばに構想が生まれてから、ハードな道のりをたどり終えようとしているのだ。打ち上げられると宇宙へまっすぐ上がり、最初の一週間で、いくつかきっちりタイミングを合わせたペイロード配置（主鏡、副鏡、太陽光遮蔽《しゃへい》素子の展開）をうまくおこなわなければならない。JWSTはおよそ一か月かけて宇宙空間を一六〇万キロメートル旅する。天文観測の邪魔になる地球の熱や光から遠く離れるのだ。JWSTは、次世代のハッブル宇宙望遠鏡と呼ばれることも多いが、それは鏡の面積がはるかに大きく、赤外波長をとらえるからだ。

ＪＷＳＴによって、生命の徴候を少数の選りすぐりの惑星で探る最初の機会が得られる。小型の岩石惑星に的《まと》を絞り、その大気を観測して、ほかの大気成分との化学平衡から大きく外《はず》れたガスを探すのだ。意外かもしれないが、最も確実な例は酸素で、これは体積で地球の大気の二割を占めている――だが、植物や光合成細菌がなければ、地球の大気には酸素がほとんどないはずなのである。現在、惑星科学者のあいだでは、「酸素の偽陽性」と呼ばれるものが議論の的となっている。酸素が生命の助けなしに生み出される可能性だ。天文学者は、メタンや亜酸化窒素や硫化ジメチルなど、ほかにも生物の指標となる多様なガスを考慮に入れている。そのガスを生み出しているのが微生物なのか、大型動物なのか、知的なヒューマノイドなのか、あるいはそのガスを生み出す生命が炭素ベースなのか、もっと特異なものなのかは、わかるまい。まずは、生命とは何かではなく、生命が何をするか――代謝をおこない、副産物のガスを生み出す――に注目する必要がある。

ＪＷＳＴで岩石惑星の大気を観測するのに用いる手法は、私が二〇〇〇年に公表した論文で発明したものとなる。ただし、真の発明というのはめったになく、ただ過去の成果をもとに築き上げたアイデアがあるばかりだということを強調しておく必要がある。その手法は次のとおりだ。惑星のなかには、地球から見て主星の前を通過（トランジット）するものがある。その惑星の軌道はちょうどそうなるように配置されなければならず、ごく一部の惑星しかこの幸運な配置をとらない。恒星の自転軸は（そして惑星の軌道もある程度）、われわれの視線方向に対してランダムな向きをもっている。その惑星が主星の前をトランジットするとき、主星の光の一部は惑星の大気を通り抜ける——だが全部は抜けてこない。主星の光のなかに、惑星の大気が吸収しやすい波長と、そうでない波長があるのだ。波長ごとに注意深く観測すると、存在するガスを突き止め、場合によってはそれがどれだけ惑星の大気にあるかを明らかにすることができる。この手法には細かい但し書きがいくつもあるが、私が予測してからわずか一六年で、このテーマの学術論文が何百も記され、私のチームやほかのチームが多くの進歩をなし遂げ、系外惑星の大気観測が数十例もおこなわれて、なかでもハッブル宇宙望遠鏡の広視野カメラ3が最も成功を収めている。

ＪＷＳＴでは個々の惑星を観測することはできるが、そもそもその惑星を見つけるのに必要な何十万個もの恒星を調査することはできない。そこで、トランジット系外惑星探索衛星（ＴＥＳＳ）の出番だ。ＴＥＳＳは、マサチューセッツ工科大学（ＭＩＴ）が主導するＮＡＳＡのミッションであり、小型の恒星をトランジットする小型の惑星を見つけることをとくに目的としている。具体的には二年間の全天走査をおこなう予定で、高度に最適化された四台の広視野カメラにより、天空の二四度×九〇度の帯状領域を一度に観測できる。各領域を昼夜にわたり二六日観測することで、ＴＥＳＳは最初の年に天の北半球を網羅し、次の年に南半球を網羅する。スペースX社のファルコン9ロケットに載せて二〇一七年の秋に打ち上げられる予定で［やや遅れて二〇一八年四月一八日に打ち上げられた」、地球を周回する非常に離心率の大きい傾斜軌道へ投入される。TESSのチームは天文学者のために五〇個ほど岩石惑星を見つけるはずで、そのうちいくつかは、主星のゴルディロックスゾーン（表面温度が生命にとって熱すぎず、冷たすぎず、ちょうどいい）にあるだろう。そうしたごく少数の惑星をJWSTで観測し、惑星大気に生物の指標となるガスを探すつもりだ。たやすい仕事ではない。数時間は続くトランジットをたくさん観測する必要があるにちがいない。

「シーガーの方程式」

TESSとJWSTを組み合わせて地球外生命の徴候が見つかるというのは、どれだけ現実味のある話だろう？　実は、ものすごく幸運でなければならない。それでも可能性はあるわけで、われわれはその可能性に賭けようとしている。具体的に、有名なドレイクの方程式をアップデートして説明してみよう。ドレイクの方程式とは、一九六一年にアメリカの天文学者フランク・ドレイクが、宇宙のどこかほかの場所に知的生命が存在する確率を計算できるように考案したものだ。ドレイクの方程式が、明確な答えを出す手段ではなく、実際には天の川銀河の知的生命からのシグナル検出につながる主な考え方をまとめたものだったように、私のアップデート版の方程式は、予測ではなく説明のためのものだ。これで、何が定量化でき（何がわれわれにわかり）、何がまだ推測の域を出ないのかが明らかになる。

ではまず、元のドレイクの方程式を見てみよう。この式から、天の川銀河において、コミュニケーションを図れる地球外文明の数Nのおおまかな値が得られ、それは七つの数を掛け合わせて算出される。

$$N = R_{*} \times F_{p} \times n_{e} \times F_{l} \times F_{i} \times F_{c} \times L$$

ここで、R_{*}は天の川銀河で恒星が生まれる率（ドレイクは年間一〇個と想定した）、F_{p}は恒星が惑星系をもつ割合（〇・五と想定）、n_{e}は恒星一個あたりの、生命を宿しうる（「生態系」をもちうる）惑星の数（二と想定）、F_{l}はそうした惑星が生命を生み出す割合（一と想定）、F_{i}は生命を生み出す惑星が知的生命をもつ割合（〇・五と想定）、F_{c}は、知的生命の文明がテクノロジーを発達させ、検出可能なシグナルを宇宙に発する割合（一と想定）、Lはその文明が検出可能なシグナルを発する期間（一万年と想定）だ。

ドレイクの方程式では、最初の三つの因子（R_{*}、F_{p}、n_{e}）は計測できる。残る四つは計測できず、おそらく今後も無理だろう。それでもドレイクは、天の川銀河においてコミュニケーションを図れる地球外文明の数として、五万という楽観的な値を得た。

ドレイクの方程式が考案された当時、地球外生命を見つけるための主な手段は、異星文明からの電波シグナルに耳を澄ますというものだった。だが、すでに見たとおり、われわれは今、もっと高度な手段を使えるようになっている。系外惑星の大気に生物の指標となるガスを見つける生命探査が、近年実現への歩みを加速しており、新たな種類の方程式の根拠となっているのだ。

ドレイクの方程式と同じように、生物の指標となるガスという形で検出可能な生命のしるしをもつ惑星の数Nは、次のように推定できる。

$$N = N_{*} \times F_{Q} \times F_{HZ} \times F_{O} \times F_{L} \times F_{S}$$

ここで、N_{*}は調査した恒星の数、F_{Q}は調査したなかで惑星を見つけるのに適した（「静かな」）恒星の割合、F_{HZ}はそのなかでハビタブルゾーンに岩石惑星をもつ恒星の割合、F_{O}は現時点の制約において観測できる惑星の割合、F_{L}は生命をもつ惑星の割合、そしてF_{S}は、スペクトルとして検出できる形で、生物の指標となるガスを生命が生み出している惑星の割合だ。

私が初めてこの方程式を提示したのは、二〇一三年五月にマサチューセッツ州ケンブリッジで系外惑星科学へのデイヴ・レイサムの貢献を称えて開かれた、「ケプラー後の時代の系外惑星」シンポジウムの場だが、以来これは「シーガーの方程式」と呼ばれている。この方程式については、以下に述べることよりもっと学術的な議論もある。

では、数値を検討し、少なくとも何かは言えそうな最初の四つの項に注目しよう。TESSによる全天走査で観測される数百万の恒星のうち、銀河のモデルから好適な恒星の数として、$N_* =$ 30,000ほどと推定できる。この恒星のなかで、およそ六〇パーセントは、十分に静かで（つまり、光度が極端に変化することはない）、そのまわりを回る小型の惑星が見つかりうる。すると$F_Q = 0.6$となる。これは概数である。

次に、ハビタブルゾーンに岩石惑星をもつ割合は、約二四パーセントだ（ケプラー探査機のデータにもとづく）——つまり$F_{HZ} = 0.24$である。また、そうした惑星が主星を周回する軌道の向きによって、TESSで観測できる惑星をもつ恒星の割合が制約される。およそ一〇パーセントしか、惑星が主星の前を通過（トランジット）しないからだ。それでも、そのうち約一パーセントのケースでは、惑星の大気を詳しく観測できるほど主星が明るい。したがって、$F_O = 0.1 \times 0.01 = 0.001$となる。

この最初の四つの数を掛け合わせると、$N_* \times F_Q \times F_{HZ} \times F_O \approx 4$となる。これで、値を決めるのに必要な変数はふたつだけになる（F_LとF_S）。話を単純にすべく、次のようにまとめることもできる。

$$N \approx 4 \times F_L \times F_S$$

なお、ＴＥＳＳで見つかる有望な惑星の数をきわめて詳細に見積もった値——要するにシーガーの方程式における最初の四つの項の積——は、コンピュータ・シミュレーションで得られており、二から七のあいだになる。

項F_LとF_Sにかんする議論に立ち返ろう。現時点では、ハビタブルゾーンにあって生命を宿す惑星の割合は、推測するほかない。楽観的に見て、ハビタブルゾーンにある惑星の半数が生命を宿すとしてみよう。$F_L = 0.5$だ。では生命が、惑星の大気にたまって分光学的に検出できるほどのガスを生み出すか？　これについては、$F_S \approx 0.5$と考える。以上の値を掛け合わせると、ＴＥＳＳとＪＷＳＴの組み合わせで生命のしるしを検出できるような惑星の数が得られる。$N \approx 4 \times 0.5 \times 0.5 = 1$だ。

もちろん、この肯定的だが確率の低い結果を得るのに、私は数を適当にいじっていた。ＴＥＳＳとＪＷＳＴのおかげで、この天の川銀河の狭い一角で、生命の存在が検出できる可能性はある。私に言わせれば、われわれが今後一〇年で生物の指標となるガスを観測するには、ものすごく幸運でなければならない。それでも、太陽系外の岩石惑星に生物の指標となるガスという形で生命のしるしを探そうとする場合、ＴＥＳＳとＪＷＳＴの組み合わせが人類史上初めての機会をもたらすということは、改めて強調していいだろう。

将来はどうか？

ＪＷＳＴが、太陽系外のどの小型岩石惑星の大気にも生命のしるしをいっさい見つけられなかったらどうするか？　天文学者は、次世代望遠鏡による直接観測という手法を懸命に確立しようとしている。これは、系外惑星が主星の前を横切るときに主星からの光を観測する従来のトランジット法とは異なる。惑星そのものからのはるかに弱い光をとらえようとするのだ。すでに、直接観測に必要な非常に高度な遮光技術の効果は実証されている。私は最近、スターシェードという、多くの直接観測法のひとつを推し進めるチームを率いていた。直径数十メートルの特殊な形をした巨大なスクリーンを、宇宙望遠鏡から数万キロメートルの距離を保って飛ばし、恒星の光をなんと一〇〇億分の一にまで遮蔽して、惑星の光だけを望遠鏡に入らせる方法である。もちろん、惑星は自分で光るわけではなく、恒星の光を反射して輝いているだけだ。この手法により、ＪＷＳＴに向いたトランジット法とは異なるやり方で、系外惑星の大気に生命のしるしを探すことができる。そして理論上、シーガーの方程式はスターシェードの観測調査にも適用できるのである。

私には、同世代の天文学者が、生物の指標となるガスを——もしも異星にあれば——見つける道具とノウハウと方策をもっているという確信が十分ある。だが生命がまれなら、いや、スペクトルに特徴が現れるガスを生み出す生命がまれなら、きっとわれわれに運はない。したがって、TESS／JWSTやスターシェード（あるいは別の直接観測法を用いた同様のミッション）で生物の指標となるガスや暫定的なシグナルさえも見つからなければ、探索は将来の世代に委ねなければなるまい。現在われわれには、口径一二メートルかそれ以上に——ひょっとしたら最大で一五か二〇メートルにさえ——至る宇宙望遠鏡の作り方がわかっている。それより大きくなると、次の世代が、これまでにない手法を要する宇宙望遠鏡の新しいパラダイムを着想し、実現しないといけない。それには、今ではまず思いつけない技術を用いて、宇宙で望遠鏡を建造する必要もあるかもしれない。

厄介なのは、生命の生み出したガスのみから、別の惑星に生命のしるしを見つけたと確実には言えないという問題だ。理由は、偽陽性と呼ばれるものにある（生命の指標となりうるが、ほかの要因でも生じるということ）。天文学者や惑星科学者は、火山、大気中でのさまざまな化学反応、惑星の岩石や海など、生命以外の要因でガスが生じうるメカニズムを無数に考え出している。天文学者は、なんらかのガスが偽陽性になったりならなかったりする大気の状態を明らかにしようと躍起になっているが、幅広い波長にわたり、十分に高いスペクトル分解能で系外惑星の大気を観測することは、

まだ近い将来にはできないとも考えられる。大いに確信がもてる場合もあり、それほど確信がもてない場合もあるだろう。ひょっとしたら、生命の存在をほのめかす証拠が見つかっても、多少確信がもてるだけ（つまり確率を割り出す程度）と公表して終わりかもしれない。

この先の道はまだ長いが、天文学者や宇宙生物学者は、生物の指標となるガスの探索と検出には至れると信じている。今後数十年で、別の地球を発見し特徴を明らかにすることにかけては大きな進歩が期待でき、それによって当然、生物の指標となる非常に重要なガスを検出できる望みももてるのだ。

Chapter 18

大気に期待——遠くの世界に生命のしるしを見つける

ジョヴァンナ・ティネッティ（宇宙物理学者）

Good Atmosphere: Identifying the Signs of Life on Distant Worlds

Giovanna Tinetti

地球の大気

一九六九年四月一四日、およそ一〇〇〇キロメートルの軌道高度から地球大気を監視する人工衛星ニンバス3号が打ち上げられた。搭載した機器のなかにＩＲＩＳという分光計があった。この機器で、受け取った光のスペクトルを分析し、そのスペクトルから、光の通ったさまざまな元素や化合物を同定することができる。

ＩＲＩＳで得たスペクトルからは、たとえば水蒸気（H_2O）や二酸化炭素（CO_2）やオゾン（O_3）の存在が明らかになる。じっさい、これらの分子は赤外領域――電磁スペクトルで可視光のすぐ外側にあたる長波長域――に固有のパターンのスペクトル線を示すため、あれば比較的簡単にわかる。一方、窒素（N_2、地球大気のおよそ七八パーセントを占める）や酸素（O_2、二一パーセント）などの分子は、赤外領域に特徴的なパターンを示さないので、ＩＲＩＳによるスペクトルでは検出できない。もちろん、地球大気の組成はニンバス3号による測定以前からよく知られていたが、このときに初めて、地球大気からの赤外光を宇宙から見下ろしたのだ。ところが今では、われわれの太陽系から遠く離れた惑星の大気の調査が、地球外生命を探査するなにより有望な手段のひとつとなっている。さらに言えば、異星の生命をまだ直接検出できないとしたら、何が遠くの世界に生命が存在する可能性を示す化学的な手がかりになるだろう？

要するに、この章で私が取り組みたい問題は、「惑星の大気からどうやって生命が存在する可能性を明らかにできるのか？」というものなのだ。これに答えるには、まず地球の大気がどのようにして今の状態になったのかを考える必要がある。これまでずっと今と同じだったわけではないからだ。四五億年ほど前に地球ができた当時、大気は主に水素とヘリウムからなっていたにちがいない。このふたつは、惑星形成のもととなる原始惑星系円盤にとりわけ多くあったガスである。きっと、この原始大気は長続きしなかっただろう。水素もヘリウムも非常に軽いガスで、地球のように比較的小さな惑星が重力で保持するのは難しい。さらに、そうしたガスは太陽風によって剥ぎ取られもした。太陽風は、太陽から放出される高エネルギー粒子の流れで、おそらく原始太陽がまだ進化の初期段階にあった遠い昔には、今より強かったはずだ。小惑星や微惑星といった他天体が頻繁にぶつかっていたことも、地球を取り巻いていた原初のガスの喪失をうながした。

　地球の大気はそれから変化した。何度となく繰り返された火山噴火——地球の内部がまだとても熱く、冷却の途中だった時代には頻繁にあった——と、彗星や小惑星の衝突のせいにちがいない。火山の噴火では、水蒸気や二酸化炭素や硫黄化合物が大量に大気に放出されるから、今日、地球の大気にこうした分子が見つかるのは驚くにあたらない。現在、窒素と大半の水は、小惑星が地球に運んできたと考えられている。二酸化炭素も窒素も水蒸気も、水素やヘリウムより重いので、この大気は原初の水素とヘリウムの大気より長くとどまれた。大気を保持できた理由のひとつとして、地球の磁気圏もある。地球とその大気を取り巻き、大気を守って太陽風による侵食を遅らせている磁場だ。温度と磁場がうまく組み合わさったおかげで、地球には大気だけでなく水の循環もある。

地球で、地表や海から蒸発した水は、ある高度でほぼ凝縮して雲を形成し、凝縮した水蒸気は降雨という形で放出される。一方、金星の大気は熱すぎて、蒸発した水が凝縮して雲を作ることができない。そのうえ、金星には保護する磁気圏がないため、はるか昔に不可逆的に水を失った。今日の金星は、そうしたプロセスのせいできわめて乾燥した惑星となっている。

これで地球大気に含まれるガスの起源が説明できるが、ふたつ例外がある。酸素とオゾンで、これらの現在の濃度は決して無視できるほどではない。とくに酸素は、非常に反応性の高い分子なので、ほかの化合物と容易に化学反応を起こす。そのため、化学的に見ると、地球大気の五分の一あまりが酸素であることは、説明がつかないのだ。

ただひとつの場合を除いて……。

生命の徴候

地球では、酸素原子が二個結びついてできた酸素分子（O_2）や、このあと語るオゾンは、生物によって作り出されている。光合成によって、樹木や草花といった地球の高等植物は、酸素の（ほぼ）無尽蔵の供給源であり、今日大気に豊富に存在するのはそのためだ。オゾンは三個の酸素原子からなる分子（O_3）で、酸素分子が分かれて再び結合すると生じる。だからオゾンは、地球の酸素濃度の指標と見なされている。地球に生命が現れる前、いくつかの非常に古い岩石の化学組成からわかるとおり、酸素の量は無視できるほど少なかった。現在、この惑星で最初の生物——原核生物——はおよそ三八億年前に現れたと考えられている。それはかなり単純な生物で、今日の細菌の前身だった。単純だがしぶとく、先駆者として成功するのに必要な資質をもっていた。それから六億年のあいだ、原核生物は地球にコロニーを形成し、邪魔者なしに幸せに暮らしながら、ありとあらゆる「食物」と代謝の組み合わせを試していた。たとえば「メタン生成菌」は、名前のとおりメタンを老廃物として生成する。別の例として、プロテオバクテリアの*Shewanella putrefaciens*は、第二鉄イオン（Fe^{3+}）を食べて第一鉄イオン（Fe^{2+}）を排出し、生じる化学エネルギーをたくわえる。硫酸塩や硝酸塩、シアン化物を食べる原核生物もいる。そのころに地球の赤外スペクトルがとれたら、水蒸気と二酸化炭素のほか、ひょっとしたらそうした生物から放出された微量のメタンや窒素化合物、硫黄化合物の徴候が観測できたかもしれない。オゾンの徴候は絶対に見られなかっただろう。われわれの祖先にあたる初期の生命の大半にとって、酸素は実のところわれわれにとってのシアン化水素に等しかった。つまり致死性の毒だ。大気中の酸素濃度が十分に高くなってようやく、ダーウィン説による自然選択が功を奏し、一部の原核生物が酸素を利用することを覚えた。これが成功の鍵となったのだ。

原核生物からより高度な単細胞生物（真核生物）へ、さらに多細胞生物への進化は、一〇億年ほどかかり、地球の生命史上最高に重要な出来事のひとつにかぞえられる。そして、それ以前の生物が利用していたどんなものよりはるかに大量のエネルギーを放出する「酸素」の利用は、地球の生命の複雑さを理解するための鍵を握っている。生命が適応して利用した複雑なプロセスは、何億年ものあいだにさまざまな形態をとり、そのときどきの環境に合った進化の道筋をたどった。とくに最後の五億年は、環境が温暖で食物も豊富にあり、恐竜の時代に見られたように、巨大化が生存戦略として成功を収めた。しかし、食物が不足し気候が厳しくなると、適応性に富む小型の温血動物――哺乳類――が勝者となった。それでもわれわれの祖先である原核生物は地球上から完全に消え去りはしなかったが、酸素から逃げて、地熱の高い温泉や、高濃度の金属とケイ酸塩を含む岩石など、隠れた片隅に追いやられる羽目になった。そこには今でも特異な微生物群集が棲んでおり、きっと太古の時代に地球に生息していたのもそれと非常によく似ていたにちがいない。

ほかにも地球の生命の見事な手腕を示すものとして、これまで知られている宇宙で最も重要な生化学的プロセス――光合成――の誕生が挙げられる。このプロセスによって、植物や一部の細菌は、太陽光のエネルギーを生体細胞の化学結合にたくわえることができる。光合成がなければ、複雑な生命は生育できなかっただろう。複雑な生物が生存できるだけの食物や再生可能エネルギーがなかったからだ。高等植物には、光合成色素のクロロフィル（葉緑素）があり、これで太陽光をとらえ、最終的にブドウ糖と酸素分子を生み出すことができる。そのため、大気中に高濃度の酸素があることは、「バイオシグネチャー（生物の指標）」——惑星に生命が存在するか、過去に存在していたあかしを示すもの——の好例となる。だが完全を期すためには、紅色硫黄細菌は、光合成のプロセスで水の代わりに硫化水素（H_2S）を使う非常に古い光合成生物だということに触れておく必要がある。この細菌は、緑色をした鉢植えの植物などと違って、酸素を生み出さないのだ。

ラヴロックと、バイオシグネチャーの定義

ニンバス3号などの衛星からの分光学的データは、地球の生命に対するわれわれの認識を大きく変えた。こうして外から見ると、地球の生命は、別の惑星に望遠鏡を向けたときに原理上は検出可能な、あれこれ考えられる形態の生命のひとつのように思える。ベネラとマリナーの宇宙探査ミッションでは、金星と火星に生命の形跡は見つからず、このふたつの惑星がハビタブルだという神話は終わりを告げた。火星については、まだなんらかの形態の地下生命や絶滅した生命の生痕化石が見つかる望みはある（第7章でモニカ・グレイディが論じているように）。太陽系では、生命が木星や土星の衛星で生まれているわずかな望みがまだある。そうした巨大惑星の重力がもたらす潮汐現象で、

局所的にエネルギーが生じるからだ。それでも、複雑な生命は太陽系で唯一地球に存在するという考えは、甘んじて受け入れる必要がある。

いまや、テクノロジーの進歩のおかげで、生命の探索はもはや太陽系に限定されてはいない。ほかのどこかで生命が見つかる望みは、発見される系外惑星の数（二〇一六年初めの時点でおよそ二〇〇〇個）に応じて増している。現在知られている系外惑星については、質量やおおまかなサイズなど、きわめて基本的なことしかわかっていない。だがごく最近になって、大気の化学組成を調べ、惑星の熱的構造を明らかにする手だてが知られるようになった。これを可能にしたのが、系外惑星の大気を調べられるようにしたふたつの手法だ。トランジット（恒星面通過）および食〔この場合、主星が惑星を覆い隠すこと〕における分光分析と、直接観測による分光分析である。トランジットおよび食における分光分析では、恒星に対する惑星の位置の変化――つまり、惑星が恒星の前を通過するときと恒星の背後を回るときの違い――による、恒星と惑星からなる系のスペクトルの差を調べる。直接観測による分光分析は驚くべき新技術であり、前の章でサラ・シーガーが論じている。

ハッブル宇宙望遠鏡とスピッツァー宇宙望遠鏡、それに地上の望遠鏡からの観測により、われわれは、トランジット現象が見られるとりわけ有望な系外惑星において、重要な化学組成と熱的特性を探りはじめている。つい最近には、機器やデータ解析手法を駆使して、スーパーアース――地球の一〇倍未満の質量をもつ固い惑星――という惑星の大気がもつ主な特徴がとらえられるようになったが、これまでに調べられたスーパーアースは、まだあまりにも熱すぎてハビタビリティを探る興味深いターゲットとは考えられない。

近年、直接観測法が、主星から離れた軌道を回っている若いガス惑星の大気について、新たな知見をもたらしだしている。この手法を用いた現行のプロジェクトで筆頭に挙げられるのが、チリのジェミニ南望遠鏡に設置されたジェミニ惑星イメージャーによるものと、やはりチリにあるアタカマ砂漠のVLT（超大型望遠鏡）によるSPHERE（分光偏光高コントラスト系外惑星探査）プロジェクトだ。ほかにもよく知られた直接観測の機器として、カリフォルニアやハワイの望遠鏡に取り付けられたものもある。

では、惑星がハビタブルだったり、さらには生命が棲みついている可能性があったりするかどうかは、どうしたらわかるのだろう？　もちろん、惑星の大気の化学組成や状態は、その惑星の起源や進化を知るうえで重要なもので、ハビタビリティにかかわる仮説を立てようとするなら絶対に欠かせない。科学者は、この問題についてこれまで五〇年にわたり知恵を絞ってきており、今後数十年のうちになんらかの答えが出てもよさそうだが、まだ多くの障害が行く手にある。たとえば、物理法則は普遍的――ロンドンでも、月でも、ケンタウルス座プロキシマでも同じ――であり、大きな規模で見れば宇宙は均質のように見えるが、地球で見つかるもの以外にまで一般化できる生命の定義はない。じっさい、地球では酸素やオゾンは生物に由来するから、ほかの惑星でもハビタビリティを示すあかしとしてこのふたつの分子を探すべきなのだろうか？　言い換えれば、これらは普遍的なバイオシグネチャーなのか、それとも地球にしか見られないものなのか？

ジェームズ・ラヴロックは、こうした疑問にきちんと答えようとした最初の科学者のひとりだ。地球外生命にかんする彼の先駆的な論文は、一九六〇年代初期にまでさかのぼる。そのなかでラヴロックは、生命の一般的な定義を科学と実用の両面から明らかにするという問題に取り組んでいた。この問題に対する彼の関心を刺激したのは、当時迫っていたＮＡＳＡの探査機ヴァイキング1号と2号の打ち上げである。これらの探査機は、火星に着陸し、とりわけ地表に生命の痕跡を探すことを目的としていた。ラヴロックは、火星にいるかもしれない珍獣をとらえる小さな罠《わな》など、生命探索のためにほかの研究者たちが提案したさまざまな機械装置には疑念を抱いた。そしてむしろ、火星に生命が棲みついているかどうかを知るには、その赤い惑星の希薄な大気を調べるべきだと主張した。生命のいない惑星の大気は化学平衡にきわめて近く、ヴァイキング1号と2号によって火星の大気がそうだとわかったため、ラヴロックは火星に生命はいないと結論づけた。前にも言ったとおり、われわれの大気に含まれる酸素やオゾンの濃度は多細胞生物が現れてから増加したので、現在の地球大気の組成は、この酸素を大気に排出している生命の存在をはっきり示す証拠となっている。もしも地球上から生物が消え去ったら、酸素とオゾンはほかの化学物質と反応して一気に消え、平衡状態に達するだろう。地球のバイオシグネチャーの例としては、ほかに二酸化炭素濃度の季節変動も挙げられる。植物が夏には繁茂し、冬には枯れるからだ。さらに、「レッドエッジ・シグナル」というものもある。これは非常に巧みな考えなので説明しよう。光合成のあいだ、植物は日光のスペクトルのうち主に可視光領域を吸収するが、それより波長の長い赤外光は吸収せず、単に跳ね返す。この葉による「反射特性」は、人工衛星からの観測で容易にわかる。波長に対して光の強度をグラフにすると、長波長（赤外光）から短波長（可視光）になるところで急落するのだ（これをレッドエッジという）。

こうした惑星の大気組成からそこで生命がどれほどハビタブルであるかを調べるという考えは、系外惑星全般にもあてはめられる。ラヴロックによるバイオシグネチャーの定義は、要するに惑星に生物が存在することで化学平衡が崩れるというもので、今はこれが唯一の科学的に厳密な定義だ。しかしそれも完璧とは言えず、生命のいる世界を観測しても、多数の似たような惑星と区別がつかない可能性はある。とくに、系外惑星の大気の化学的現象については、完全に明らかになってはいない。たいていは平衡状態にあるのかどうかも、コンピュータ・シミュレーションが示唆するように無生物のプロセスで平衡が崩れるのかどうかも、わかっていないのだ。現時点では、エイリアンの存在しうる世界がどんなものかを知るべく、天の川銀河にある、さまざまなサイズや温度や主星をもつたくさんの惑星を調べて観測するほかない。そうして得られる情報がなければ、大局的なイメージをつかめず、先述のバイオシグネチャーの定義だけをもとに、やや臆測で惑星に生命がいると認めることになるだろう。

第二の地球に取りつかれて

当初、太陽系以外の惑星の探索は、第二の地球、つまりわれわれのものと瓜《うり》ふたつの惑星を見つけようという思いに強く駆り立てられていた。だが、天の川銀河やもっと広い宇宙で地球とそっくり同じものを探すのは、科学的でないばかりか、あまり興味をそそられもしない。地球がハビタブルな惑星として唯一の存在だとか、最も興味深いといった考えは、ガリレオ以前のようにわれわれやわれわれの世界を宇宙の中心と見なす、傲慢《ごうまん》さと狭量さと人間中心主義がない交ぜになった思想に思える。地球はべつに特別ではない。それどころか、今日知られている固体惑星の統計データは、われわれの視野を広げるための戒めとなっている。

NASAのケプラー探査機は、二〇年以上も前、太陽に似た恒星をめぐる、地球にそっくりの惑星を見つけると考えられていた。ところがケプラーのデータを統計解析すると、地球のサイズは必要な条件ではなく、むしろ固体惑星のサイズとして考えられる範囲のなかでは偶然のものに見える。

つまり私が言いたいのは、地球の倍や半分のサイズの惑星も、理論上は同じぐらいハビタブルなはずということだ。それに、われわれの太陽についてはどうか？　なにしろ、太陽はかなり標準的な恒星で、大きすぎず、小さすぎもせず、今はその生涯の真ん中あたりとわかっているからだ。太陽より小さくて冷たかったり、大きくて熱かったりする恒星のまわりでも、ハビタブルな惑星が生まれうるのだろうか？　だめな理由は考えられない。極端なケース――巨大で不安定すぎたり、活動が激しすぎたりする恒星――を除いても、なお幅広い可能性があるのだ。

　では、ハビタブルな世界の探索にあたり、ほかに何を測定すればいいだろう？　そこで温度がひとつの条件となる。一般に生命が、炭素を化学的なベースとし、地球の生命が編み出したものに近い化学結合にもとづいていなければならないとしたら、惑星の温度は地球と大きく違ってはいけない。これは、可能性に対する視野を広げたいという私の声高な主張とは矛盾しているようにも思える。しかし地球の生命が、宇宙でとりわけありふれた元素――水素、炭素、窒素、酸素――でできていることは間違いない。さらに、あまたの複雑な有機分子が、恒星・惑星の形成される領域や、彗星に見つかっている。たとえば、タンパク質の構成要素であるアミノ酸や、ＤＮＡやＲＮＡ――われわれの遺伝物質――を構成するヌクレオチドの前駆体だ。われわれは決してほかにない化合物やまれにしかない化合物でできてはおらず、われわれの知る生命の要素はまさしく宇宙に遍在するように見えるため、炭素ベースの生命をいったん仮説として採用するのは合理的と言える。すると、惑星の温度はランダムとはなりえない。温度が高すぎると、有機分子の構造に回復不能のダメージをもたらすおそれがある。一方、低すぎても、分子の反応が遅くなり、そもそも生命が活動することが難しくなるだろう。

地球の生命は、化学溶媒として水に大きく依存している。アンモニアなど、ほかの溶媒が水と同じ化学的な機能を果たしうるかどうかについては、長く議論されてきたが、いまだ仮説の域を出ない。そのため、厳密に科学的な検討を進めたければ、生命に必要な材料のリストから液体の水を除くことはできない。なにしろ、液体の水は大半の複雑な有機分子が健全であるために不可欠で、このように水が液体の状態で必要なことから、惑星の温度や圧力の範囲に制約が課されているのだ。

生命探索の手を太陽系の外へと広げたわれわれは、あまりにも遠くて、大気の分析がハビタブルであるかどうかを決定する限られた手だてのひとつとなりそうな世界を調べている。この探究では、何がバイオシグネチャーの構成要素となるのか、大気の非平衡をどのように説明できるのかといった疑問が、きわめて重要になる。そして、確実には言えないが、大気が時間とともに変化し、水蒸気と酸素が多く存在するような惑星を見つけたら……そう、いるかもしれない。

ハビタブル系外惑星カタログ（http://phl.upr.edu/projects/habitable-exoplanets-catalog）によれば、ハビタブルな惑星の候補――つまり、液体の水があるために必要な温度範囲の固体惑星――は現在三三個ほどある。

Chapter 19

次はどうなる？——地球外知的生命探査の未来

セス・ショスタク（天文学者）

What Next? The Future of the Search for Extraterrestrial Intelligence

Seth Shostak

地球以外の世界に棲んでいる者はいるのか？　太古の文明の多くは、その答えをイエスと考え、そうした文明の神話には、天空に神々や生き物が満ちあふれているように描かれていた。

ところが、望遠鏡によって、惑星という周回する天体がそれぞれ独立した世界であることが明らかになると、エイリアンはギリシャの神々のような存在から遠ざかり、われわれに近い存在となった。そう、天に棲む者はいても、たいてい人間に似ていたのである。科学的な推測でもそうだったし、一九世紀以降はSFでもそうだった。天上の存在についての仮説では、異星の微生物などはまず想定されなかった。微生物は、宇宙の生物としては最もありふれた形態である可能性が高いのに。だから、世間一般では、地球以外で生命を探すことは、人類と同等の仲間を探すことと同じ意味と考えられてもほとんど不思議ではない。どうしても、生命を探そうとすると、エイリアンは自分たちと重要な点で似ているか、少なくとも自分たちの子孫について予想するものに近いと考えてしまうのだ。われわれは、こうしたほぼ暗黙の思い込みを物理学や天文学の知識と組み合わせて、SETI（地球外知的生命探査）のようなプロジェクトをこしらえる。はるか遠くの文明社会が、意図的に、あるいはなにげなく宇宙に発している、電磁波信号を検出しようとするのだ。

当初のSETIは、高感度の電波天文学的機器で近隣の恒星系からの通信を受け取るという単純な試みだったが、それに、レーザー光の短いパルスや定常的な単色光の発信源を探す試みも加わった。後者は「光SETI」と呼ばれている。ここで触れておきたいのは、SETIが単に、人工的な電磁放射を探して地球外知的生命の存在を明らかにしようとするプロジェクトを総称する略号にすぎないということだ。

大きな網を広げているように見えるが、現代の電波によるSETIは、調べる範囲が限られている。実用的なプロジェクトを立案するために、研究者は周波数や帯域幅のほか、信号の強度や持続時間についても、あらかじめ想定する必要がある。こうした技術的なあれこれの土台をなしているのが、人類は物理学を十分に知り尽くしているので、星間通信に好適な方法を推測できるという仮定だ。一九世紀の科学者が、火星人が鏡で反射させた太陽光を探したのと違って、今のわれわれは、高度な文明社会がどのように通信するかを推測できると考えているのである。

SETIの研究者は、銀河に住むわれわれの仲間（それどころか、われわれに優る者）には、みずからの存在を顕示する意欲がある、というさらなる仮定もしている。ひょっとするとこの必要性を支えるものとして、われわれはエイリアンの「文明社会」を語っているのかもしれない――大規模で多様な文化はコミュニケーションの必要から大量の信号を発するのだと。

SETIのやり方

今日、SETIの大多数のプロジェクトで用いられている方式は、一九六〇年に天文学者のフランク・ドレイクが着想して実行した「オズマ計画」に端を発する。そのやり方は、巨大なアンテナ――電波望遠鏡――を使って、一般に送信されそうなナローバンド（狭帯域）の電波信号（あるいは信号成分）を天空に探すというものだ。このナローバンド信号という制約は、地球上でブロードバンド（広帯域）通信の利用が増している現状を考えると、時代遅れに見えるかもしれない。しかし、これは現在のテクノロジーで課せられた制約であり、将来コンピュータのハードウェアの性能が向上すれば改善されるだろう。ナローバンド信号では、出力レベルがどうであれ最大のＳＮ比（信号対雑音比）になるというのも事実だ。つまり、狭い帯域幅で送信機の出力をできるだけ高くすると、生じる信号は、宇宙と受信装置による必然的なバックグラウンドノイズのなかでもはっきり目立つようになるのである。

ＳＥＴＩのアンテナは、近くの恒星系に直接向けられるか（標的探査と呼ばれる）、天空をビームサイズの領域ごとにモザイク状に分けて、広い面積を調べるのに使われている。ここで注意してほしいのは、どちらの方策も、デューティ比——任意の方向の観測に費やされる時間の割合——が非常に低いということだ。これは、長続きする信号しか検出できないことも意味する。

この時間的制約は、光ＳＥＴＩにもあてはまる。光ＳＥＴＩでは、従来の鏡とレンズからなる望遠鏡を使って、遠くの恒星系から届く短い光パルスを探す。

これまでに地球外知的生命の存在を確実に示す信号は見つかっていないが、それは、サンプルとなった恒星系の数がまだかなり少ないせいもあるのかもしれない。数千個ばかり、幅広い周波数にわたり高感度の装置で探索されているだけなのだ。すると、投げかけるべき疑問はこうなる。いくつの恒星を調べれば、見つかる可能性が十分にあるだろうか？　今日のＳＥＴＩの機器で検出できる強度の信号を送っているかもしれない場所は、天の川銀河に一万から一〇〇万もあると見積もられている。信号を検出しうる場所の「実際の」数が本当にこの範囲内だったら、信号を見つけるには、おそらく数百万の恒星系を調べる必要があるだろう。これは興味深い見積もりで、ＳＥＴＩの活動を勇気づけてくれるが、土台をなす推計があくまで意見にすぎないということは、指摘しておく必要がある。

基本的な仮定が間違っている可能性

われわれが探し求める地球外知的生命のイメージは、自分たち自身をもとに漠然と推定できる範囲にある。われわれは、それが何であっても、技術的な進度において自分たちとおおよそ等しいと考えている。しかし、自分たちと機能上よく似た種族からの信号を見つける可能性が高いという仮定に対しては、以下の時間的スケールの議論から異も唱えられている。

1. 検出しうる知的生命は、少なくともわれわれと等しい技術レベルに達していなければならない。それどころか、われわれより高いレベルにあることがほぼ必要条件で、現在おこなわれているSETIでは、一番近い恒星までの距離でも、地球のほとんどの通信を検出できない。SETIで受信するには、彼らが現在のわれわれより高性能の送信機をもっている必要がある。

2. 見つかる確率は、有名なドレイクの方程式（第17章参照）でよく計算されるが、送信する種族が長く存続する――つまり、長期にわたり「放送される」――場合にかぎり、うれしいことに高くなる。この場合の「長く存続」とは、五〇〇〇～一万年以上と一般に考えられる。すると、われわれが見つける可能性の高い、技術レベルの高い種族の集団は、われわれより少なくとも数千年は進んだ文明のメンバーということになる。

3. 当該分野の専門家たちによる主張を信じるなら、人類は今世紀中に汎用人工知能（AGI）を発明するだろう。この期待が楽観的すぎるとしても（無線通信の発明から、考える機械の発明まで、実は何世紀もかかるとしても）、われわれが従来SETIのターゲットと考えてきた文明社会の大多数はすでに自分たちを超える人工知能を作り上げているにちがいないという結論からは、免れられないように思える。

以上のことから導かれる結論は、単純明快だ。AGIの開発は、無線通信やレーザーが発明されてすぐあとに続くので、宇宙に存在する知性体（コミュニケーションをする能力によって定義される）

の大半は、生物ではなく機械である可能性が非常に高い。

これは、SETIの研究者がしている仮定の核心を衝《つ》くものとなる。とくに、ほかの恒星をめぐるハビタブルな世界から意図的か偶然に発された信号の検出に探索の的《まと》を絞るべきだという考えに、疑いを突きつける。生物は、過去や現在においては知性を包み込む唯一の器かもしれない。だが将来は違うのだ。

では、これがSETIのプロジェクトにどう影響するのか？　機械の知性は、新たな部品や交換部品を作るのに、エネルギー源と原材料を必要とする。成長のため——つまり、計算能力を高めるため——には、どちらも大量に必要になる。惑星は、そんな知性体を作り出すための素材として合理的に考えられる金属を提供してくれるが、そうした世界しか可能性がないわけではない。小惑星には、地球の地殻より多くの種類の金属が、はるかに高い濃度で存在する。その環境は、ほかの恒星系にもおそらくあてはまるだろう。エネルギーについては、惑星が利用できる放射の量は、主星から与えられるエネルギーの制約を受ける（地球の場合、およそ10^{17}ワット）。厳しい制約だが、宇宙に出てその異星文明の惑星から離れれば、容易にその制約から逃れられる。

こうした考えは、惑星をターゲットとするSETIの探索にかかわる常識に異を唱える。たとえば、われわれ自身の技術について予想される道筋から一般化すれば、強い電波や光のシグナルを生み出せる装置の開発から、AGIの発明までの期間は、数世紀にすぎない。これに、送信機が長く存続しないと十分に検出される見込みがないという予想も合わせれば、知性はハビタブルな世界に見つかりやすいという従来の仮定が、大いに間違っている可能性も考えられる。

とくに、ハビタブルな惑星を発見するたびにSETIのコミュニティが沸き立つのは、見当違いである可能性もある。少なくとも、ハビタブルな世界に知性を探すのは、AGIを作った生命が自分たち同士やほかの生命と交流したり、ひょっとしたら離れたAGIとやりとりしたりするために、信号を出しつづけるだろうという仮定があるからだ。これは、知的生命がAGIの発明後も存在しつづければ、なお従来のSETIの妥当なターゲットかもしれないということでもある。しかし、人工知能がその生みの親にすっかり取って代わってしまうこともまた考えられるのだ。

人工知能が発明されたら実際に社会に何が起こるのかは、もちろんわれわれには知るよしもない。AGIマシンがそれを生み出した生命を故意に消し去ると考えられる明確な理由はない。ホモ・サピエンスが祖先の類人猿を故意に滅ぼそうとしていると思える明確な理由はないのと同じだ。それでも、われわれ以前の類人猿の多くは、絶滅の危機に瀕している。われわれ自身の場合、AGIが地球に存在を確立したら、この惑星の資源――物質、エネルギー、土地――を占有するあまり、ホモ・サピエンスは現在の大型類人猿のように隅に追いやられてしまうかもしれない。コミュニケーションを図る生身の知性の社会はとても短命の可能性があるので、それが見つかる見込みは薄いとも考えられるのだ。

ならば、ＡＧＩを見つけるのはどうだろう？　先述のとおり、完成度の高いＡＧＩマシンが、みずからを大きく育てられるだけの大量のエネルギー資源や物的資源を求め、やがて故郷の惑星を離れて宇宙へ向かうのは当然のことのように思える。どこまで遠くへ移り住むかはわからないが、（太陽のように）比較的小さな恒星は、生物を生み出すには好適に見えるものの、非常に強力なエネルギー源ではない。そのため、莫大なエネルギーのそばに身を置きたいポストヒューマン（人類のあとを継ぐもの）にとっては、ことのほか魅力的な場所とは言えない。Ｏ型星〔Ｏというスペクトルに分類される恒星〕は、太陽のような恒星よりはるかに大きくて明るく、その光度は太陽の一〇〇万倍にもなる。そうした明るい光は全恒星の〇・〇〇一パーセントほどで、まばらにしかない。平均して互いに数百光年離れているのだ。年老いた星を調べるＳＥＴＩでは、このような高エネルギーのターゲットの一部はうっかり見過ごされやすい。

どこを探すべきか

われわれが探す知性体の居場所をハビタブルな惑星に確実に絞り込めないとしたら、ほかにどんな場所を探せばいいだろう？　もちろん、われわれ自身がＡＧＩを作り出してみないかぎり、その居場所や行動についてはどんな推測をしようがまるで不確かだ。それでも、妥当な戦略としていくつか考えられるものがある。

1. **エネルギー密度の高いあたりを探す**

たとえ自然災害やほかのマシンからの攻撃を防ぐというだけの理由であっても、知識や推論能力をひたすら高めるのは、機械の知性にとって望ましいように思える。前に述べたとおり、そのためのエネルギーに満ちた明るい恒星は当然候補となるし、銀河中心核など、ブラックホールが見つかるあたりもそうだ。

2. **巨大宇宙工学の証拠を感知する**

高度に進んだ知性体は、われわれが日々天空を調べていて横切っているものを作った可能性もある。わかりやすい例を挙げれば、不自然な赤外光源に気づいたら、それは巨大宇宙工学プロジェクトの存在を示しているかもしれない。そのひとつとして、惑星軌道の外に置かれた恒星エネルギー収集衛星の一群が考えられる。物理学者のフリーマン・ダイソンは、高度な文明社会ならそうした一群を作って莫大なエネルギーを得るのではないかと提唱した。ダイソンの考えた一群――ダイソン球――が太陽のような恒星を取り囲めば、およそ10^{26}ワットのエネルギーを生み出せる。これは、ひとつの惑星の気候を簡単にめちゃくちゃにするほどのエネルギーだ。ところが、軌道をめぐっているのが惑星ではなくＡＧＩなら、エネルギーの使用量にそんな制約はなくなるため、そうしたダイソン球を示唆する赤外光の探索は、実のところ生物ではなく人工知能を見つけるのに適している。しかしこのアプローチは、一般にＳＥＴＩの研究者がおこなっているタイプの探査とは一致しない。しかも、この探索は既存の天文学のデータを使って「部屋にいながらにして」おこなうことができる。

3. **通信ルートとなりそうなものに沿って進む信号を探す**

ＡＧＩが互いに通信するかどうかはわからないが、それを望む可能性は排除しがたい。そうした知性体の寿命が無限であることを考えると、長距離通信さえも可能だろうし、それは、そんなマシンのそれぞれから見える部分の宇宙について情報をやりとりする手段として興味深い。ふたつのブラックホールを結ぶ線が通信ルートとしてありうるし、銀河中心核を結ぶ線もそうだろう。すると、われわれの銀河の反中心方向〔地球から見て銀河中心と反対の方向で、ぎょしゃ座方向にあたる〕や、われわれをはさんで天空の両側にあるブラックホールを見ればいいことになる。

4. **断続的な「ビーコン」信号を感知する**

こうした信号は、マシンがほかのマシンや――明らかに期待しすぎであることはさておいて

——ひょっとすると知的生命の位置までも探り当てるべく、単発で、ときには組織的に、送られる可能性がある。

5. **物理現象に反するように見えるものに注意する**

機械の知性の能力と長命さを考えると、彼らは宇宙を根本的なレベルで変える力をもっているかもしれない。

右に挙げたなかには、従来の天文観測のなかで、自然現象ではない徴候が見つかる可能性を意識するだけでいいものもある。一方で、意図的に探すSETIもあるが、これまでおこなわれてきたタイプばかりではない。

この後者についてはどうなのか？　現在進行中のSETIのプロジェクト——これまでのSETIのやり方に従っているもの——は、信号を調べた恒星系の数を大いに増やしつつある。これでAGIが見つかる見込みはあるだろうか？

あるかもしれない。今日の電波SETIでは、角度にしておよそ〇・五〜一五分のサイズで一ギガヘルツ近くの周波数（および、もっと小さなサイズで高い周波数）のビームを天空に探している。ビームのサイズは、機器の焦点の絞り込み具合を示す尺度となる——ビームが小さいほど、電波望遠鏡の視野は狭くなるのだ。先ほどのビームのサイズは、恒星系を完全に収めるだけの天空の区画に相当し、一〇光年という近さの恒星系さえすっぽり入る。そのため、先述のタイプの人工知能が生まれ故郷の恒星系にとどまっていたら、従来の電波SETIでそれが（信号を出せば）見つかる見込みはいくらかある。ところが、光SETIでは、光学の法則によってはるかに小さなビームとなり、この種のプロジェクトで近隣の恒星をターゲットにすると、非常に明るい恒星など、明らかにハビタブルではない場所へ移ったAGIは見逃してしまいやすい。

以上の考察にもとづけば、個々の恒星をターゲットにする探索よりも、全天走査――できるだけ広く天空を観測する――のほうが、探し求める知性体が人工のものなら好ましい戦略かもしれない。さらに、きわめて断続的な信号を確実に検出できる機器も必要になる。地球外の知性体で最も近くにいるのは、一〇〇光年以上の距離と考えるのが妥当かもしれない。すると、われわれと彼らのあいだで送られる電波信号は、光速で一〇〇年かけてその距離を旅することになる。ならば、どんな知性であれ――生物でも人工物でも――われわれの存在については知るはずがない。その存在を示す高周波で高出力の電波信号は、第二次世界大戦以降にしか出ていないのだから。ひょっとしたら彼らは、単なる好奇心から（またもしかすると地球大気に生物起源のガス――二〇億年前から宇宙へ放たれている、この惑星に生命がいる徴候――を見つけたことをきっかけに）、ときたまひらめく電波や光でわれわれに探りを入れているかもしれない。率直に言って、これまでのSETIでは仮定されてきたが、地球へ執拗なまでに信号が送られている保証は実はほとんどない。しかし、断続的な信号を確実に見分けられるデータ処理システムは、ＳＥＴＩの活動に恩恵をもたらすだろう。

幸運にあずかるか、地球外のＡＧＩ同士をつなぐ通信ルートの途中に位置していることで、たまたま信号を傍受できる可能性を除けば、知覚を備えたマシンがわれわれの方向へ意図的に信号を送る望みはあるだろうか？　これにも、大いに推測に頼る（そして疑わしいと言う人もいそうな）仮定が必要になる。彼らがそうしたがるという仮定だ。人類は自分たちと同等の仲間とはコミュニケーションを図るが、自分たちよりはるか以前に生じた生物とはコミュニケーションをとらない。もしかしたら、ただの好奇心から、ＡＧＩがハビタブルな惑星の方向へ信号を送ることはあるかもしれない。またそれとは別に、ほかのＡＧＩを探し当てるか、彼らに自分たちの存在を知らせるかするための「呼びかけ信号」のつもりで、非常に広く放たれる可能性もありそうだ。

発見は何をもたらすか

この章で検討したＳＥＴＩの総合的な考え――また、とくにその基本的な仮定――のおかげで、今後の探索に磨きがかかり、ひょっとしたら探索が成功を収める可能性も増すかもしれない。だが、

SETIが成功を収めた場合に、今後の歴史の方向性がどのように変わるかについてもある程度考えなければ、無責任だろう。

発見がもたらす短期的な影響は、アメリカ大陸に行ったコロンブスがスペインへ戻った当初の世間の反応と同じく、劇的ではない可能性が高い。コロンブスの発見はあいまいで（実は日本にたどり着いていたとか？）、出会った文化についてほとんどわかっていなかった。SETIの場合は信号の特徴から、送り手の居場所と身体の形態について、なんらかの惑星にいるとすれば、少しはわかるはずだ。惑星にいなければ、あまりわからないだろう。送信者までのおおよその距離のように単純なパラメータさえ、突き止めるのは難しいかもしれない。

つまり、SETIによる発見は胸を高鳴らせるだろうが、それは得られる情報のためではない。地球外に知性をもつ何かがいることを教えてくれるからであり、それ自体が哲学的に驚くべき結果なのだ。大騒ぎになるだろう。

もちろん長期的には、見つかる信号がなんであれ、そこにコードされた情報が引き出せるかもしれないし、すでに述べたように、それがわれわれを超える知性の持ち主からのものであることは、ほぼ間違いない。人類という種族の宗教や自尊心や未来といったものへの影響に、おぼろげに気づかされる可能性もある。見つけた信号がまるで理解できず、われわれが唯一の存在でないと知り、その意味を考えるしかないのかもしれない。一方で、一七世紀にヨーロッパの進んだ数学や科学に触れた日本人が受けたような打撃を味わうことも考えられる。自分たちの未来を導く力や、挑戦する力にさえ、自信がもてなくなるおそれもある。

しかし、検出した信号のメッセージが理解できなかったとしても、それが非生物起源のものだとわかる可能性はある。これは、われわれがいずれＡＧＩを作り出す――さらには、それに支配される――という、先述の予想を補強するものとなるだろう。

天文学者は、太陽以外の恒星をめぐるハビタブルな惑星を発見しつづけている。ＮＡＳＡのケプラー宇宙望遠鏡によるデータの解析が続けられるにつれ、一年以内に地球にそっくりの別世界が見つかることもありうる。そうした惑星は、明らかに生命を宿す場所の候補となるだろうし、ひょっとしたら知的生命も宿しているかもしれない。だが、生命を宿す場所だからといって、知的生命がそこにとどまるとはかぎらない。それどころか、われわれ自身の経験から考えれば、無線通信を発明したらほどなく揺りかごから出てしまいそうだ。

すると知的生命は、はるかに賢く、細胞をもつ生体に比べて長命で広く行きわたる存在へと向かう足がかりにすぎないのかもしれない。ここにひとつの教訓がある。地球の外に知性体を探す際には、ほかの恐竜を探す恐竜になってはいけない。

訳者あとがき

「エイリアン」や「地球外生命」の本と聞けば、あなたはSFかオカルトだと思うだろうか？　たしかに、このトピックはこれまで一般にキワモノ扱いされてきた。ところが、いまや第一線の科学者が真面目に取り組むテーマになっていて、しかもここ一〇年か二〇年でかなり具体的な研究成果が上がってきているというのだ。

本書はそのような背景から、天文学、物理学、生物学、化学、心理学といったさまざまな分野の専門家や、科学番組の司会者などにも寄稿を依頼し、編み上がったアンソロジーだ。執筆者の数は実に二〇人に及び、編者のジム・アル゠カリーリをはじめ、生命科学で名を馳せるニック・レーン、量子進化という画期的な概念を唱えたジョンジョー・マクファデン、ポピュラーサイエンスの著書をいくつも手がける宇宙論者のマーティン・リースやポール・C・W・デイヴィス、電波による地球外生命探査をおこなうSETI研究所で活動するセス・ショスタク、系外惑星探査が専門で一般の人へのアウトリーチ活動にも熱心なサラ・シーガーなど、錚々《そうそう》たる顔ぶれが並ぶ。宇宙の生命についてあれこれ語る本は数あれど、これほど多彩な分野から最先端の人物が選ばれて中身の濃い議論をしているものはなかったように思うし、訳者が本書をぜひとも日本で刊行したいと思った最大の理由は、そこにある。そして幅広い執筆者がそろった結果、テーマに対し多角的な視点でアプローチされ、さらに各人がほかの章も読んでみずからの議論との関連を示しているので、ただそれぞれの見方が羅列されているのではなく、分野間の有機的なつながりも浮かび上がる仕掛けになっている。

そんな多彩な分野の議論が、本書では次のような順序で語られる。まずは本書とそこで扱うテーマの概要について、物理学者と宇宙論者が魅力的に紹介する。続いて具体的な議論が四部に分けておこなわれる。第Ⅰ部は「接近遭遇」と題され、ＳＦ・オカルト的な関心から科学へと読者をいざなう。そもそもエイリアンが地球に来るとしたらなぜかを考え、いわゆるＵＦＯ目撃・遭遇報告の歴史や分類から、そうした事例を説明する心理学的分析につなげ、地球上で人間とは違う形で知覚をもちうるタコを題材にエイリアンの意識も論じる。第Ⅱ部のタイトルは「どこで地球外生命を探したらいいか」で、いよいよ本格的に地球外生命の可能性を太陽系やほかの恒星系で、ＳＦ小説をも引き合いに出しながら探っていく。さらに第Ⅲ部「われわれの知る生命」では、生命誕生の謎という最大級の問題に、化学反応やエネルギー論、さらには量子力学や宇宙論の視点から取り組み、地球外生命の可能性について楽観論と悲観論の両方を紹介する。最後に、第Ⅳ部は「エイリアンを探す」だ。ここでは、地球外生命を見つけるとしたらどうやって探すべきかが具体的に検討される。

地球外生命の可能性については、それぞれの専門家で見解が異なるが、ほぼ共通しているのは「これまでに見つかっているサンプルがひとつなので、確かなことは言えない」ということだ。それでも、地球における生命誕生のプロセスについてはかなり突っ込んだ議論がなされるようになっているし、系外惑星の観測も、主星からの距離や惑星のタイプ（ガス惑星か岩石惑星か）・質量のみならず、いまや分光観測で大気の成分を調べようというところまできている。そうした情報をもとに、地球外生命についてここまで地に足の着いた話ができるというのは、訳者も読みながら驚きを隠せなかったし、とても興奮させられた。そして、地球で細菌や古細菌以上の複雑な生命が誕生したのが途方もない偶然であることを考えると、宇宙でほかに知的生命が存在する可能性についてはあまり楽観的になれないのかもしれず、地球の生態系は、われわれ人類だけでなく、この宇宙にとっても守らなければいけないという気持ちになる。

この宇宙における生命の謎については、今後また一〇年か二〇年で大きく解明が進んでいくことだろう。先ごろ、小惑星リュウグウへの二回の着陸とサンプル採取に成功した日本の探査機はやぶさ2も、その一端を担うと期待されている。リュウグウのサンプルに含まれる有機物にたとえばアミノ酸があれば、本書13章にも書かれているように、その立体構造が右手型か左手型かを調べることで地球の生命と共通するかどうかがわかり、もし共通すれば、生命の素材が宇宙から地球に運ばれていた可能性が高まる。また、サンプル中の水を構成する水素と酸素の同位体比が地球のものと一致するかどうかで、地球の水の起源についても証拠が得られるのだ。二〇二〇年にはやぶさ2が地球へ帰還するのが楽しみでしかたない。

最後になったが、本書の翻訳にあたり、佐藤亮さんに一部お手伝いをいただいた。丁寧なお仕事をしてくださったことに、この場を借りて感謝したい。また、本書翻訳の提案を快く受け入れてくださった紀伊國屋書店出版部の和泉仁士氏、訳稿を深く読み込んで的確な指摘をいただいた塩野綾子氏にも心よりお礼を申し上げる。

二〇一九年七月

斉藤隆央

インターネット

本書では、個別のウェブアドレスは載せないことにした。しょっちゅう変わってしまうからだ。ダラス・キャンベルが指摘するとおり、UFO関連の情報はインターネットに大量にある。優れたものもあれば、ひどいものもあり、面白いものも、すっかり妄想じみたものもある。

手始めにイアン・リドパスのサイト[*1]を見るといい。ジェニー・ランドルズはこの分野で豊富な経験をもち[*2]、むろん、「超常現象タイムス」[*3]も一見の価値がある。後者は1973年以来、「摩訶不思議なニュース」を優れたセンスとユーモアで報じている。さらに一般的には、エイリアンがテーマのTEDの講演[*4、*5]を探すといい。惑星ハビタビリティ研究所のサイト[*6]では、ハビタブルな可能性がある系外惑星のリストが公開されている。太平洋天文学会のUniverse in the Classroom（教室の宇宙）シリーズは、エイリアンと宇宙にかかわる多くの概念についてわかりやすく指導してくれる[*7]。

[*1] 現在は www.ianridpath.com

[*2] www.ufoevidence.org/researchers/detail40.htm

[*3] subscribe.forteantimes.com

[*4] 2015年3月のナタリー・キャブロールによるWhy Mars might hold the secret to alien life（火星は生命の起源の謎を解き明かすのか?）

[*5] ルイーザ・プレストンによるTED-EdオリジナルのWhy extremophiles bode well for life beyond Earth（極限環境生物が地球外生命の予兆となるわけ）

[*6] phl.upr.edu/projects/habitable-exoplanets-catalog

[*7] www.astrosociety.org/news-publications/universe-in-the-classroom/

Sagan, Carl, *Pale Blue Dot: A Vision of the Human Future in Space*, Ballantine Books, 1997. [『惑星へ』森暁雄監訳、朝日新聞社]

Seth, Anil(editor), *30 Second Brain: The 50 Most Mind-blowing Ideas in Neuroscience, Each Explained in Half a Minute*, Ivy Press, 2014.

Shostak, Seth and Frank Drake, *Sharing the Universe: Perspectives on Extraterrestrial Life*, Berkeley Hills Books, 1998.

Ward, Peter, *Life As We Do Not Know It: The NASA Search for and Synthesis of Alien Life*, Viking, 2005. [『生命と非生命のあいだ　NASAの地球外生命研究』長野敬・野村尚子訳、青土社]

Webb, Stephen, *If the Universe Is Teeming with Aliens...Where is Everybody?: Fifty Solutions to the Fermi Paradox and the Problem of Extraterrestrial Life*, Copernicus, 2002. [『広い宇宙に地球人しか見当たらない50の理由　フェルミのパラドックス』松浦俊輔訳、青土社]

Dartnell, Lewis, *Life in the Universe: A Beginner's Guide*, Oneworld, 2007.

Davies, Paul, *Are We Alone?: Philosophical Implications of The Life of Discovery of Extraterrestrial Life*, Basic Books, 1995. [『宇宙に隣人はいるのか』青木薫訳、草思社]

Davies, Paul, *The Eerie Silence: Renewing Our Search for Alien Intelligence*, Houghton Mifflin Harcourt, 2010.

Davies, Paul, *The Goldilocks Enigma: Why is the Universe Just Right for Life?*, Penguin, 2007. [『幸運な宇宙』吉田三知世訳、日経BP社]

Dick, D. J., *The Biological Universe: The Twentieth Century Extraterrestrial Life Debate and the Limits of Science*, Cambridge University Press, 1999.

Friedman, Stanton T., *Top Secret / Majic*, Marlowe, 1997.

Lane, Nick, *Life Ascending: The Ten Great Inventions of Evolution*, Profile, 2009. [『生命の跳躍　進化の10大発明』斉藤隆央訳、みすず書房]

Lane, Nick, *The Vital Question: Why Is Life the Way It Is?*, Profile, 2015.[『生命、エネルギー、進化』斉藤隆央訳、みすず書房]

Mather, Jennifer and Roland C. Anderson, *Octopus: The Ocean's Intelligent Invertebrate*, Timber Press, 2010.

Meacham, Beth, Ian Summers, and Wayne D. Barlowe, *Barlowe's Guide to Extraterrestrials: Great Aliens from Science Fiction Literature*, Workman Publishing, 1987. [『SF宇宙生物図鑑』吉岡雄一郎訳、心交社]

Miller, Ben, *The Aliens Are Coming!: The Exciting and Extraordinary Science Behind Our Search for Life in the Universe*, Sphere, 2016.

Montgomery, Sy, *The Soul of an Octopus*, Simon & Schuster, 2016. [『愛しのオクトパス　海の賢者が誘う意識と生命の神秘の世界』小林由香利訳、亜紀書房]

Preston, Louisa, *Goldilocks and the Water Bears: The Search for Life in the Universe*, Bloomsbury, 2016.

Rees, Martin, *Our Cosmic Habitat*, Princeton University Press, 2011. [『宇宙の素顔　すべてを支配する法則を求めて』青木薫訳、講談社]

Rutherford, Adam, *Creation: The Origin of Life / The Future of Life*, Penguin, 2013. [『生命創造　起源と未来』松井信彦訳、ディスカヴァー・トゥエンティワン]

参考文献

Al-Khalili, Jim and Johnjoe McFadden, *Life on the Edge: The Coming of Age of Quantum Biology*, Black Swan, 2015. [『量子力学で生命の謎を解く』水谷淳訳、SBクリエイティブ]

Asimov, Isaac, *Extraterrestrial Civilizations*, Ballantine Books, New York, 1980.

Atkins, Peter W., *The Second Law*, Scientific American Library, 1984. [『エントロピーと秩序　熱力学第二法則への招待』米沢富美子・森弘之訳、日経サイエンス]

Ball, Philip, *Shapes, Branches and Flow: Nature's Patterns: A Tapestry in Three Parts* (trilogy), Oxford University Press, 2011. [「自然が創り出すパターン」三部作『かたち』林大訳、『枝分かれ』桃井緑美子訳、『流れ』塩原通緒訳、以上すべて早川書房]

Brake, Mark, *Alien Life Imagined: Communicating the Science and Culture of Astrobiology*, Cambridge University Press, Cambridge, 2012.

Brookesmith, Peter, *UFO: The Government Files*, Blandford Press, 1996. [『政府ファイルUFO全事件　機密文書が明かす「空飛ぶ円盤」50年史』大倉順二訳、並木書房]

Campbell, Glenn, *Area 51 Viewers Guide*, Self-published, 1993.

Clancy, S. A., *Abducted: How People Come to Believe They Were Kidnapped by Aliens*, Harvard University Press, 2015. [『なぜ人はエイリアンに誘拐されたと思うのか』林雅代訳、早川書房]

Clarke, D., *How UFOs Conquered the World: The History of a Modern Myth*, Aurum Press, 2015.

Clarke, Jerom, *The UFO Book: Encyclopedia of the Extraterrestrial*, Visible Ink Press, 1998.

Cohen, Jack and Ian Stewart, *What Does a Martian Look Like?: The Science of Extraterrestrial Life*, Ebury Press, 2004.

Crick, Francis, *Life Itself: Its Origin and Nature*, Simon & Schuster, 1982. [『生命　この宇宙なるもの』中村桂子訳、新思索社]

Darlington, David, *Area 51: The Dreamland Chronicles*, Holt, 1998.

ばかりの人々（ベラ・ルゴシ、とあるレスラー、ヴァンパイラ〔吸血鬼の扮装で知られる女優〕など、主にややマニアックな著名人が演じた）をよみがえらせることだった。エド・ウッド監督のウルトラ低予算B級映画は、ひどすぎて逆に面白い。

そして見ないほうがいいのは……

『プロメテウス』（2012）
地球の生命はマッチョなヒト型エイリアンにより創造され、このエイリアンはみずから創造した生命を見つける手がかりも残していた。登場人物は、愚行ゆえに死亡する。この映画はどこも筋が通っていない。

『サイン』（2002）
水の苦手なエイリアンが、地球という、水に覆われ、水に依存している生命が棲む惑星を侵略する。決してベストの侵略計画ではない。

アダム・ラザフォードの必見エイリアン映画リスト

『コンタクト』（1997）
ジョディ・フォスターが、ヴェガ恒星系から届いた規則的な反復信号を解読する。それは、異星文明とコンタクトするためのワームホールの作り方の説明だった。原作はカール・セーガンで、よくできているのはそれが理由だ。

『2001年宇宙の旅』（1968）
これに勝る映画はまずない。モノリスの形をとって示されるエイリアンの存在は、数学的にエレガントで、数学が宇宙共通の言語であることを表している。モノリスの各辺の比、1:4:9は、自然数1、2、3の二乗になっているのだ。

『遊星からの物体X』（1982）
姿を変えるエイリアンが、南極観測基地の科学者に擬態することで生き延びようとする。実は、冒頭の「あの犬は犬じゃない」というセリフにすべてが集約されているのだが、ノルウェー語で言われていたので、基地の隊員たちはまずいことになろうとしているのに気づかない。

『エイリアン／エイリアン2／エイリアン3』（1979、1986、1992）
最初の2作ではゼノモーフはヒューマノイドだが、それは人間のなかで育ったからだ。『エイリアン3』（過小評価されていると私は思う）ではイヌに寄生したとされるため、イヌ型である。

『アタック・ザ・ブロック』（2011）
ガイ・フォークスの夜、エイリアンが南ロンドンの公営団地に襲来する。「デカくてゴリラみたいな奴」と見事に形容された凄いエイリアンから街を守る役目は、4人のティーンエイジャーとひとりの看護師の手に委ねられる。

『プラン9・フロム・アウタースペース』（1959）
エイリアンが恐るべき「プラン9」を実行すべく襲来する。そのプランとは、死んだ

[マ行]

[ヤ行]

[ラ行]

索引

サラ・シーガー（Sara Seager）

惑星科学者にして宇宙物理学者。広大で未知なる系外惑星――太陽以外の恒星をめぐる惑星――の世界をいち早く切り開いた。その画期的な研究は、系外惑星の大気の検出から、別世界の生命にかんする革新的な理論や、新たな宇宙ミッションの構想にまで及ぶ。現在、「天文学界のインディアナ・ジョーンズ」と呼ばれる彼女は、この分野の聖杯と言える、地球に瓜ふたつの惑星の発見を目指している。ハーヴァード大学で博士号を取得し、今はマサチューセッツ工科大学で惑星科学のクラス・オブ・1941記念教授と物理学の教授を務める。2015年に米国科学アカデミーのメンバーに選出されている。2013年のマッカーサー・フェローとなり、2012年には『タイム』誌で宇宙分野において影響力の大きな25人に名を連ねた。

ジョヴァンナ・ティネッティ（Giovanna Tinetti）

ユニヴァーシティ・カレッジ・ロンドンの宇宙物理学教授で、そこで2007年から系外惑星の研究チームを統括している。王立協会研究フェローでもあり、2011年には、系外惑星大気の分子検出に赤外透過分光法を新たに利用した功績で、英国物理学会モーズリー・メダルを受賞した。

セス・ショスタク（Seth Shostak）

SETI研究所の上級天文学者で、プリンストン大学とカリフォルニア工科大学で学位を取得している。専門的な出版物のほか、天文学、テクノロジー、映画、テレビにかんする一般向けの記事を500以上も書いている。国際宇宙航行アカデミーのSETI常設研究グループで10年間ヘッドを務め、また毎週、SETI研究所による1時間のラジオ科学ショー *Big Picture Science* で司会をしている。執筆・編集・寄稿した本が数冊あり、それには宇宙生物学の教科書や、*Confessions of an Alien Hunter: A Scientist's Search for Extraterrestrial Intelligence* が含まれる。

ポール・C.W.デイヴィス（Paul. C. W. Davies）

理論物理学者にして宇宙論者、宇宙生物学者で、ベストセラー作家でもある。アリゾナ州立大学で、特別教授と、科学の根本概念を探るビヨンド・センターの所長を務める。それまでは、イギリスやオーストラリアの大学で、物理学、数学、天文学のポストを得ており、ブラックホール理論や宇宙の起源、生命の起源の研究で重要な功績がある。オーストラリア勲章を受けており、数多くの科学賞のほか、テンプルトン賞も受賞している。著書に*The Eerie Science*などがある。

マシュー・コッブ（Matthew Cobb）

マンチェスター大学の動物学教授で、ハエの幼虫の嗅覚を研究しながら進化生物学を教えている。著者、教員、翻訳者として受賞歴をもち、現在は脳の歴史にかんする本を執筆している。著書*Life's Greatest Secret: The Race to Crack the Genetic Code*は王立協会科学図書賞の最終候補に挙がった。

アダム・ラザフォード（Adam Rutherford）

遺伝学者で著作家でもあり、テレビやラジオにも出演している。BBCラジオ4の目玉となる科学番組*Inside Science*などで司会を務める。また、『ワールド・ウォーZ』（2013）、『キングスマン』（2014）、ビョークの『バイオフィリア・ライブ』（2014）、『ライフ』（2017）のほか、アレックス・ガーランド監督のアカデミー賞受賞作『エクス・マキナ』（2015）や、ナタリー・ポートマンとオスカー・アイザックが出演し、これまで見たこともないエイリアンが登場するガーランドの最新作『アナイアレイション 全滅領域』（2018）といった多くの映画で科学考証もおこなっている。

ナタリー・A.キャブロール（Nathalie A.Cabrol）

惑星科学を専門とする宇宙生物学者。2015年にはSETI研究所のカール・セーガン宇宙生命研究センターの所長に就任。またSETI研究所で、来《きた》るべき「マーズ2020」ミッションを支援すべく、新たなバイオシグネチャー（生物の指標）の検出・探査戦略の開発を目指すNASA宇宙生物学研究所（NAI）チームの主席研究員も務める。ダイビングや登山にもすばらしく秀でており、その技量は研究のフィールドワークにも活かされている。

も4作出しており、ティム・ポストンとの共著*The Living Labyrinth*など。王立協会マイケル・ファラデー賞、IMAゴールド・メダル、AAAS「科学の公衆理解」賞、LMS-IMAゼーマン・メダル、ルイス・トマス賞を受賞。

アンドレア・セラ（Andrea Sella）
化学とそれが人々の暮らしに与えている往々にしてひそかな影響を一般に理解させるべく奮闘しており、そのためにライブの実演授業をしたり、さまざまなテレビやラジオの番組に出演したりしている。ユニヴァーシティ・カレッジ・ロンドン（UCL）で無機化学の教授を務め、主に材料合成に取り組み、次第に市民科学に力を入れてきている。生まれはイタリアで、ケニアとカナダとイギリスで教育を受けた。自転車に乗り、車は乗らず、飛行機にもめったに乗らない。

ニック・レーン（Nick Lane）
ユニヴァーシティ・カレッジ・ロンドンの進化生化学者で、生命の起源から複雑な細胞の進化に至るまで、エネルギーがどのように進化を方向づけたのかという問題に取り組んでいる。4冊の名著を刊行し、25の言語に翻訳されている。『生命の跳躍』は2010年の王立協会科学図書賞を受賞し、ビル・ゲイツは『生命、エネルギー、進化』を「生命の起源に対する驚くべき探究だ」と称えている（いずれも斉藤隆央訳、みすず書房）。彼の研究は、2015年に分子生物科学への顕著な貢献によって英国生化学会賞、2016年には優れたサイエンスコミュニケーションにより王立協会マイケル・ファラデー賞という英国で第一級の賞によって認められている。

ジョンジョー・マクファデン（Johnjoe McFadden）
サリー大学の分子遺伝学教授。主な研究領域は、感染症を引き起こす微生物の遺伝学。100本以上の論文を科学誌に掲載し、そのテーマは、細菌の遺伝学、結核、特発性疾患、進化のコンピュータモデリングと多岐にわたる。2000年に『量子進化　脳と進化の謎を量子力学が解く！』（斎藤成也監訳、十河和代・十河誠治訳、共立出版）を著し、2006年に*Human Nature: Fact and Fiction*を共同編集し、2014年にはジム・アル＝カリーリと共著『量子力学で生命の謎を解く』（水谷淳訳、SBクリエイティブ）を出している。現在はオッカムの剃刀にかんする本を執筆中。

クリスは地球上で火星に似た環境の研究にも携わり、南極の乾燥した谷、シベリア、カナダの北極圏、アタカマ砂漠、ナミブ砂漠、サハラ砂漠へ行ってそうした火星に似た環境の生命を調査している。2005年に土星の衛星タイタンに投下された探査機ホイヘンス、2008年の火星着陸機フェニックス、2011年に打ち上げられたマーズ・サイエンス・ラボラトリーの共同研究者のひとりでもある。

モニカ・グレイディ (Monica Grady)

イギリスのミルトンキーンズにあるオープン大学(OU)物理科学部で惑星・宇宙科学の教授を務める。かつて隕石調査の主要研究プログラムを率いた。関心の対象は炭素と窒素の分野で、専門領域のひとつは、火星における炭素と水の歴史の探究だった。この分野への貢献を称えて、国際天文学連合は小惑星4731番を「モニカグレイディ (Monicagrady)」と名づけた。2012年6月、グレイディは宇宙科学への功労により、大英帝国三等勲爵士(CBE)の勲章を受けた。

ルイーザ・プレストン (Louisa Preston)

ロンドン大学バークベック・カレッジに在籍し、イギリス宇宙庁オーロラ計画の研究フェロー (宇宙生物学)を務める。かつてNASA、カナダ宇宙庁、欧州宇宙機関、イギリス宇宙庁のプロジェクトに携わり、地球全体で生命が生き延びられる極限環境を研究し、それをもとに地球外生命やその居住環境を推測している。熱心なサイエンスコミュニケーターで、2013年にTEDカンファレンスで火星の生命探査について講演し、最初の著書*Goldilocks and the Water Bears: The Search for Life in the Universe*がBloomsbury Sigmaから刊行されている。

ツイッターアカウント @LouisaJPreston

イアン・スチュアート (Ian Stewart)

イギリスのウォリック大学の数学教授で、王立協会フェローでもある。これまでに100冊を超える書籍を刊行しており、そのなかには、ジャック・コーエンとの共著*Evolving the Alien*や、『数学の秘密の本棚』『世界を変えた17の方程式』(いずれも水谷淳訳、SBクリエイティブ)、テリー・プラチェットとジャック・コーエンとの共著でベストセラーとなったScience of Discworldシリーズがある。SF小説

ダラス・キャンベル (Dallas Campbell)
テレビの科学番組司会者であり、近年、BBCやほかの局でとくに話題のドキュメンタリー番組など(*City in the Sky*、*Britain Beneath Your Feet*、*The Treasure Hunters*、*Supersized Earth*、*Airport Live*、*Stargazing Live*、*The Sky at Night*、*Egypt's Lost Cities*、*Bang Goes The Theory*、*The Gadget Show*)に出演している。また、地球外生命の存在という深遠で不朽の疑問の背景をなす歴史や科学を探ったBBC4のドキュメンタリー*The Drake Equation : The Search for Life*では司会者を務めた。

アニル・セス (Anil Seth)
サセックス大学の認知・計算神経科学教授で、サックラー意識科学センターを設立した共同センター長のひとり。100本以上の研究論文(タコにかんする2本も含む)を公表しており、学術誌*Neuroscience of Consciousness* (Oxford University Press)の編集長でもある。これまでの著書に*30 Second Brain*などがあり、コンサルタントを務めた*Eye Benders* は2014年の王立協会若者向け図書賞を受賞。ブライトンの海辺に住む。
公式ウェブサイト www.anilseth.com　ツイッターアカウント @anilkseth

クリス・フレンチ (Chris French)
ロンドン大学ゴールドスミス・カレッジの心理学部で変則的心理学研究ユニットのヘッドを務める。英国心理学会会員、懐疑主義的研究のための委員会会員、英国ヒューマニスト協会の後援者。幅広いテーマにわたり130を超える論文や章を記しており、現在の主な研究領域は、超常現象の思い込みと変則的経験を対象とした心理学。テレビやラジオによく出演し、超常現象の主張に懐疑の目を向けている。近著に*Anomalistic Psychology: Exploring Paranormal Belief and Experience*がある。

クリス・マッケイ (Chris Mckay)
NASAエームズ研究センターの研究者。惑星科学と生命の起源を中心に研究している。有人探査を含む将来の火星ミッションの立案にも積極的にかかわっている。

執筆者紹介

＊担当章順に記す。

ジム・アル=カリーリ（Jim Al-Khalili）

大英帝国四等勲爵士（OBE）。イギリスの物理学者で、放送メディアにもよく出演している。現在、サリー大学で理論物理学と「科学への公衆の関与」の教授。研究と執筆に加え、多くのBBCテレビ・ラジオの科学番組で司会を務め、2016年には、サイエンスコミュニケーションにおけるスティーヴン・ホーキング・メダルの初年度受賞者となった。

マーティン・リース（Martin Rees）

宇宙論者にして宇宙科学者。恒星、ブラックホール、銀河の進化、ビッグバン、多宇宙《マルチバース》の諸問題に多くの知見を与えてきた。ケンブリッジ大学を拠点に、天文学研究所所長、研究教授、トリニティ・カレッジ学寮長を務めた。2005～2010年には王立協会会長。2005年にイギリス上院議員となり、未来技術のリスクにとくに関心を寄せた。自身の研究で多くの国際賞を受賞し、多数の国外の学術団体に所属。一般読者向けの著書に、*Before the Beginning*、『今世紀で人類は終わる？』（堀千恵子訳、草思社）、『宇宙を支配する6つの数』（林一訳、草思社）、『宇宙の素顔』（青木薫訳、講談社）、*Gravity's Fatal Attraction*、*On the Future*がある。

ルイス・ダートネル（Lewis Dartnell）

ウエストミンスター大学の宇宙生物学者。微生物やその存在のしるしが、宇宙放射線の連打を浴びる火星表面でどうしたら残りうるか、またそれをどうしたら検出できるかについて、研究している。テレビやラジオにたびたび出演して科学のことを語り、これまでの著書に*Life in the Universe: A Beginner's Guide*や『この世界が消えたあとの科学文明のつくりかた』（東郷えりか訳、河出書房新社、ウェブサイト www.theknowledge.org）などがあり、後者は『サンデー・タイムズ』のNew thinkingブック・オブ・ザ・イヤーに選ばれている。

公式ウェブサイト www.lewisdartnell.com

編者

ジム・アル＝カリーリ

Jim Al-Khalili

イギリス・サリー大学教授（理論物理学）。英国科学協会会長、王立協会フェロー。専門は量子力学、量子生物学。科学番組のプレゼンターを務めるなど一般向けの多彩な活動で人気を集める。王立協会マイケル・ファラデー賞、スティーヴン・ホーキング・メダルなどを受賞。大英帝国四等勲爵士。邦訳された著書に『サイエンス・ネクスト』（編著、河出書房新社）、『量子力学で生命の謎を解く』（共著、ＳＢクリエイティブ）、『見て楽しむ量子物理学の世界』（日経ＢＰ）などがある。

訳者

斉藤隆央

翻訳家。１９６７年生まれ。東京大学工学部工業化学科卒業。訳書に、デ・サール＆パーキンズ『マイクロバイオームの世界』（紀伊國屋書店）、レーン『生命、エネルギー、進化』『生命の跳躍』『ミトコンドリアが進化を決めた』（以上、みすず書房）、カク『人類、宇宙に住む』『フューチャー・オブ・マインド』『２１００年の科学ライフ』（以上、ＮＨＫ出版）、シリング『時空のさざなみ』（化学同人）ほか多数。

エイリアン

科学者たちが語る地球外生命

二〇一九年九月二〇日　第一刷発行

発行所
株式会社　紀伊國屋書店
東京都新宿区新宿三-一七-七
出版部（編集）〇三-六九一〇-〇五〇八
ホールセール部（営業）〇三-六九一〇-〇五一九
〒一五三-八五〇四　東京都目黒区下目黒三-七-一〇

装丁
木庭貴信＋岩元萌（オクターヴ）

校正・校閲協力
共同制作社

印刷・製本
中央精版印刷

ISBN978-4-314-01170-9　C0040　Printed in Japan

定価は外装に表示してあります